AF634573

Die Lehre von der Permutation und Kombination, der binomische Lehrsatz, die Theorie der unmöglichen Grössen und der Gleichungen

für

Anfänger

faßlich dargestellt

von

W. Jungius,

ordentlichem Lehrer der Mathematik und Physik am Königlichen Friedrich-Wilhelms-Gymnasium und Mitgliede der naturforschenden Gesellschaft hieselbst.

Berlin, 1806.

In der Buchhandlung des Commerzien-Raths Matzdorff.

Vorerinnerung.

Ich habe bey der Herausgabe der folgenden Bogen zunächst die Absicht gehabt, dadurch meinen Zuhörern in der zweyten mathematischen Klasse des königlichen Friedrich = Wilhelms = Gymnasiums hieselbst nützlich zu werden. Bisher war ich nämlich gewohnt, die hier abgehandelten Sätze entweder ihnen in die Feder zu dictiren, oder sie ihnen schriftlich zum Abschreiben mitzutheilen. Jenes raubte mir und ihnen viel Zeit, dieses war für sie nicht weniger zeitraubend und um so beschwerlicher und ermüdender, da es von den Meisten unter ihnen noch vor dem mündlichen Vortrage geschehen mußte, zu geschweigen, daß ihre Abschriften gewöhnlich voller Fehler waren. Dem Allen glaube ich durch den Druck der gegenwärtigen Bogen abgeholfen zu haben. Vielleicht aber hat auch ausser meinen Zuhörern mancher Anfänger, wenn er nur über die ersten Elemente der Wissenschaft hinweg ist und im Kalkul einige Fertigkeit hat, Nutzen von der Lesung derselben, in so fern es mir nämlich gelungen ist, die vorgetragenen Sätze auch dem weniger Geübten faßlich darzustellen. Den Vorwurf der zu grossen Weitläufigkeit fürchte ich nicht, noch weniger den des Gegentheils, obgleich ich Manches, was sonst bey diesen Gegenständen mit abgehandelt zu werden pflegt, absichtlich weggelassen habe, z. B.: wenn unter den zu versetzenden Dingen mehrere einerley sind; in der Theorie der Gleichungen die sogenannte Harriotsche Regel von der Folge gleicher und entgegengesetzter Zeichen u. s. w. Was ich von der Permutation beygebracht habe, war nothwendig zur Lehre von der Kombination, diese wieder zur Demonstration des binomialtheorems, woben ich, wie Kenner sehen werden, Karsten gefolgt bin, nur daß ich für negative Exponenten aus der niedern Analysis keinen Beweis zu führen weiß, wenigstens leuchtet mir der Karstensche dafür nicht ein. Die Lehre von den unmöglichen Grössen war zum Verstehen der Theorie der Gleichungen nöthig, und bey der Abhandlung dieser war neben der Uebung der Urtheilskraft meiner Zuhörer mein Hauptzweck der, zu zeigen, daß es möglich sey, eine bestimmte Gleichung von jedem Grade aufzulösen, wenn dieselbe mögliche Wurzeln hat.

Berlin im November
1805.

Der Verfasser.

I. Die Lehre von der Versetzung oder der Permutation.

§. 1.

Sind gewisse Dinge a, b, c, ... ihrer Anzahl nach gegeben; so läßt sich fragen: wie oft können z. B. je 2 Dinge davon so zusammengestellt werden, daß nie dieselbe Ordnung wieder zum Vorschein kommt? Die Antwort auf diese und ähnliche Fragen erhält man nach einer allgemeinen Formel, welche die Lehre von der Versetzung oder Permutation angiebt.

§. 2.

Ist ein Ding a gegeben, so ist auch nur eine Ordnung möglich. Sind der Dinge 2, a, b; so sind 1) 2 Ordnungen zu Eins möglich, nämlich a, b, 2) auch 2 Ordnungen zu Zwey, nämlich ab, ba. Sind der Dinge 3, a, b, c; so sind 3 Ordnungen zu Eins, 6 Ordnungen zu Zwey und 6 Ordnungen zu Drey möglich, wie man leicht findet.

§. 3.

Sind überhaupt m Dinge gegeben, a, b, c, d ... und die Anzahl der Ordnungen zu N darin ist P, auch $N < m$; so fehlen in jeder der einzelnen Ordnungen einige von den gegebenen Dingen, obgleich nicht stets dieselben, z. B. die Ordnung abcde, wo f, g, h ... fehlen. Es fehlen aber jedesmal m—N Dinge. Setzt man nun jedes dieser fehlenden in den Ordnungen von P, wo sie fehlen, an eine bestimmte, z. B. die letzte Stelle; so erhält man 1) m—N mal so viel Ordnungen, als vorher waren; 2) jede der neuen Ordnungen ist um Eins höher, als vorher, jetzt also zu N+1. War also die Anzahl der Ordnungen zu N, P; so ist die Anzahl der auf diese Weise entstandenen Ordnungen zu N+1, P(m—N).

Beyspiel: abcde giebt mit f, abcdef; mit g, abcdeg u. s. w.

§. 4.

Da nun m und N bekannt seyn müssen, so kommt es, um die Anzahl der Ordnungen zu N+1 zu wissen (§. 3.), nur darauf an, P zu bestimmen. Indessen fragt es sich vorher noch, ob die Stelle gleichgültig ist, in welche bey einer Ordnung das fehlende Ding gesetzt wird, da (§. 3.) dafür die letzte genommen ist? Das fehlende Ding kann begreiflich nach jedem der Dinge in der gegebenen Ordnung, ja auch vor alle zu Anfang gesetzt werden. Daraus würden aber, wenn die gegebene Ordnung zu N ist, schon allein N+1 neue Ordnungen zu N+1 entstehen, als: aus abcde mit f, die neuen Ordnungen abcdef, abcdfe, abcfde, abfcde, afbcde, fabcde. Wollte man hierbey gar wieder die Dinge in abcde versetzen, so würde dieß Ordnungen geben, die schon da sind und welche man also nur mit f zu verbinden hätte. Dessen ungeachtet scheint die Anzahl der Ordnungen zu N+1 doch grösser zu seyn, als sie auf dem Wege (§. 3.) gefunden ward. Denn dort bildete ein fehlendes Ding mit einer der P Ordnungen nur 1 neue Ordnung, hier N+1 neue Ordnungen. Es ist aber klar, daß, wenn in einer gegebenen Ordnung das fehlende Ding nicht eine bestimmte, sondern jede Stelle einnehmen soll, jede daher entstehende neue Ordnung schon einmal entstanden seyn muß, wenn dieselben Dinge auf eine andere Weise zusammentrafen, z. B. die Ordnungen aus abcde mit f entstehen auch aus abcdf, abcfd, abfcd, afbcd, fabcd mit e am Ende und bey der ersten einmal auch vor f; ferner aus abcef, abcfe, abfce, afbce, fabce mit d vor e und bey der zweiten einmal auch vor f u. s. w. Da nun hierbey keine mögliche Ordnung übergangen werden kann, eine jede aber, wie man sieht, N+1 mal vorkommt, so sind auch diese N+1 Ordnungen nur als eine zu zählen, und behält daher der Ausdruck (§. 3.) seine Richtigkeit.

§. 5.

Wie bestimmt man aber jedesmal P (§. 3.)? Für die Ordnung N+1 ist es bekannt, wenn es für die Ordnung N bekannt ist. Ist nun N=1, d. h. sind die Ordnungen zu Eins; so ist P=m. Daher ist für Ordnungen zu Zwey $P = m . m - 1$; für Ordnungen zu Drey $P = m . m - 1 . m - 2$ (§. 3.). Druckt man dieß allgemein durch $P^M = m . m - 1 \ldots m - (M - 1)$ aus; so ist $P^{M+1} = P^M (m - M) = m . m - 1 \ldots m - (M - 1) . m - M$. Und setzt man $M + 1 = N$, folglich $M = N - 1$; so ist $P^N = m . m - 1 \ldots m - (N - 2) . m - (N - 1)$ und hat ganz die Gestalt der vorigen Formul, welche also allgemeine Gültigkeit hat, da sie gilt, wenn $N=1$, $N=2$, $N=3$, folglich auch wenn $N=4$, $N=5$ u. s. w.

Beyspiel: 6 Menschen können Paarweise auf 30 verschiedene Weisen neben einander sitzen. Denn $m=6$; $N=2$ gesetzt, giebt $P^N = 6.5. = 30$.

§. 6.

Sollen m Dinge unter einander versetzt werden, d. h. ist die Ordnung zu m verlangt; so erhält man die Anzahl der Versetzungen $P^m = m.m-1 \ldots 1$.

Beyspiel: In wie viel Ordnungen können 6 Menschen neben einander sitzen? Da $m=6$; so ist $P^m = 6.5.4.3.2.1 = 720$. Also in 720 Ordnungen.

II. Die Lehre von der Verbindung oder der Kombination.

§. 7.

Ein Anderes aber ist es, wenn man fragt: wie viel Producte von je 2, 3, oder mehrern Faktoren sind in einer gegebenen Anzahl von Grössen a, b, c, d möglich? wobey die Producte ab, ba u. s. w. gleichgültig sind. Die Antwort darauf giebt die Kombinationslehre.

§. 8.

Will man nemlich die Anzahl der Producte von je n Faktoren, oder die Anzahl der Kombinationen zu n aus m Grössen wissen; so suche man zuvörderst die Anzahl der Ordnungen zu n in m Dingen (§. 5.) oder $P^n = m \cdot m - 1 \ldots m - (n - 1)$. Da aber viele dieser Ordnungen, als Producte betrachtet, gleich seyn werden; so sind begreiflich nicht so viele Kombinationen, als Permutationen. Nun sind in jeder Ordnung n Dinge, welche sich $n \cdot n - 1 \ldots 1$ mal (§. 6.) versetzen lassen, von welchen Versetzungen aber jede nur ein und dasselbe Product oder dieselbe Kombination bildet. Folglich sind in m Dingen nur

$$\frac{m \cdot m - 1 \ldots m - (n - 1)}{n \cdot n - 1 \ldots 1}$$ Kombinationen zu n möglich.

Beyspiel: Wie viel Ternen (Kombinationen zu Drey) sind in 5 Nummern möglich? Da $m = 5$; $n = 3$; so ist $\frac{5 \cdot 4 \cdot 3}{3 \cdot 2 \cdot 1} = 10$ die Antwort.

III. Der binomische Lehrsatz.

§. 9.

Unter einem Binomium versteht man jede zweytheilige Größe $a \pm b$, und der binomische Lehrsatz zeigt — in seiner größten Allgemeinheit —, wie man jede Potenz $(a + b)^n$ finden könne.

§. 10.

Multiplicirt man $(x + a)(x + b)$, so erhält man

$$\begin{array}{l|l|l} x^2 & + ax & + ab \\ & + bx & \end{array}$$

multiplicirt mit $(x + c)$

$$\begin{array}{l|l|l|l}
x^3 & +ax^2 & +abx & +abc \\
 & +bx^2 & +acx & \\
 & +cx^2 & +bcx &
\end{array}$$

multiplicirt mit $(x+d)$

$$\begin{array}{l|l|l|l|l}
x^4 & +ax^3 & +abx^2 & +abcx & +abcd \\
 & +bx^3 & +acx^2 & +abdx & \\
 & +cx^3 & +adx^2 & +acdx & \\
 & +dx^3 & +bcx^2 & +bcdx & \\
 & & +bdx^2 & & \\
 & & +cdx^2 & &
\end{array}$$

Hierin bemerkt man:

1) **Das erste Glied des Products enthält** x in einer Potenz, deren Exponent die Anzahl der Grössen ausser x ist; das zweyte Glied den Faktor x in der um 1 niedrigern Potenz u. s. f. Das letzte Glied, genau genommen, den Faktor $x^0 = 1$.

2) Nennt man die Faktoren ausser x in jedem Gliede die Koefficienten; so hat das 2te Glied einen Koefficienten, welcher der Summe der Grössen ausser x, das 3te einen, welcher der Summe der Producte je zweyer Grössen ausser x, das 4te einen, welcher der Summe der Producte je dreyer Grössen ausser x, u. s. w. gleich ist.

§. 11.

Setzt man die Anzahl der Grössen ausser x, n; so ist die Anzahl der Producte je zweyer derselben $= \frac{n \cdot \overline{n-1}}{1 \cdot 2}$

. . . . . . dreyer $= \frac{n \cdot \overline{n-1} \cdot \overline{n-2}}{1 \cdot 2 \cdot 3}$

. . . . . vierer $= \frac{n \cdot \overline{n-1} \cdot \overline{n-2} \cdot \overline{n-3}}{1 \cdot 2 \cdot 3 \cdot 4}$

u. s. w. (§. 8.)

Setzt man ferner nun $a=b=c=d$; so sind die einzelnen Producte eines jeden Gliedes unter sich gleich, oder $ax^3=bx^3=cx^3=dx^3$; $abx^2=acx^2=$ u. s. w. und heissen daher: x^n, ax^{n-1}, a^2x^{n-2}, a^3x^{n-3} a^4x^{n-4}. Daher wird dann aus $(x+a)(x+b)(x+c)(x+d)=(x+a)^4=(x+a)^n=x^n+nax^{n-1}$

$$+\frac{n.n-1}{1.2}a^2x^{n-2}+\frac{n.n-1.n-2}{1.2.3}a^3x^{n-3}$$

$$+\frac{n.n-1.n-2.n-3}{1.2.3.4}a^4x^{n-4}.$$

§. 12.

Heißt die Anzahl der vorhergehenden Glieder r, so ist das folgende $=\frac{n.n-1\ldots n-(r-1)}{1.2\ldots r}a^rx^{n-r}$. Dies ist für die erste, zweite, dritte und vierte Potenz von $x+a$ in dem Vorigen (§. 11.) erwiesen. Das zunächst vorhergehende Glied aber ist

$$=\frac{n.n-1\ldots n-(r-2)}{1.2..r-1}a^{r-1}x^{n-(r-1)}.$$

Wird die Form dieses Ausdrucks und überhaupt der ganzen Reihe (§. 11.) dieselbe bleiben, wenn $x+a$ in einer höhern Potenz, als die vierte ist, erscheint?

§. 13.

Um dieß zu untersuchen, multiplicire man

$$(x+a)^n=x^n+nax^{n-1}\ldots\ldots\ldots\ldots$$

$$+\frac{n.n-1\ldots n-(r-2)}{1.2\ldots r-1}a^{r-1}x^{n-(r-1)}+$$

$$\frac{n.n-1\ldots n-(r-1)}{1.2\ldots r}a^rx^{n-r}+\ldots$$ mit $x+a$; so erhält man

$$(x+a)^{n+1} = x^{n+1} + nax^n + \ldots\ldots\ldots\ldots$$
$$ax^n + na^2 x^{n-1} + \ldots\ldots\ldots$$
$$+ \frac{n.n-1\ldots n-(r-2)}{1.2..r-1} a^{r-1} x^{n-(r-2)}$$
$$\ldots\ldots\ldots\ldots\ldots\ldots\ldots\ldots$$
$$+ \frac{n.n-1\ldots n-(r-1)}{1.2\ldots.r} a^r x^{n-r+1}$$
$$+ \frac{n.n-1\ldots n-(r-2)}{1.2\ldots.r-1} a^r x^{n-(r-2)}$$
$$+ \ldots\ldots\ldots\ldots\ldots\ldots\ldots\ldots$$
$$+ \frac{n.n-1\ldots n-(r-1)}{1.2\ldots.r} a^{r+1} x^{n-r} + \ldots\ldots\ldots$$

Addirt man beyde Reihen, so erhält man

$$(x+a)^{n+1} = x^{n+1} + (n+1)ax^n + \ldots\ldots$$
$$+ \left(\frac{n.n-1\ldots n-(r-1)}{1.2\ldots r} + \frac{n.n-1\ldots n-(r-2)}{1.2\ldots r-1}\right)$$

$a^r x^{n-r+1} + \ldots$ und es ist das allgemeine Glied hier, wie dort, das nach dem $r$ten vom Anfang folgende, wie man leicht übersieht. Es ist aber

$$\frac{n.n-1\ldots n-(r-1)}{1.2\ldots r} + \frac{n.n-1\ldots n-(r-2)}{1.2\ldots r-1} =$$
$$\frac{n.n-1\ldots n-(r-2)}{1.2\ldots r-1} \cdot \frac{n-(r-1)}{r} + \frac{n.n-1\ldots n-(r-2)}{1.2\ldots r-1} =$$
$$\frac{n.n-1\ldots n-(r-2)}{1.2\ldots r-1} \left(\frac{n-(r-1)}{r} + 1\right) =$$
$$\frac{n.n-1\ldots n-(r-2)}{1.2\ldots.r-1} \cdot \frac{n-r+1+r}{r} =$$
$$\frac{n.n-1\ldots n-(r-2)}{1.2\ldots r-1} \cdot \frac{n+1}{r} =$$
$$\frac{n+1.n.n-1\ldots n-(r-2)}{1.2\ldots.r-1.r}.$$ Daher

$$(x+a)^{n+1} = x^{n+1} + (n+1)\,a\,x^n + \ldots\ldots\ldots\ldots$$
$$+ \frac{n+1 \,.\, n \,.\, n-1 \ldots n-(r-2)}{1 \,.\, 2 \ldots r-1 \,.\, r} a^r x^{n-r+1} + \ldots\ldots$$

Setzt man nun $n+1=m$; mithin $n=m-1$; so ist

$$(x+a)^{n+1} = (x+a)^m =$$
$$x^m + m a x^{m-1} + \ldots\ldots\ldots\ldots\ldots\ldots$$
$$\frac{m \,.\, m-1 \,.\, m-2 \ldots m-(r-1)}{1 \,.\, 2 \ldots . r} a^r x^{m-r} + \ldots$$

genau die Gestalt der Reihe für $(x+a)^n$ oben. Da nun die Reihe für die erste, zweyte, dritte und vierte Potenz gilt; so gilt sie auch für die fünfte, mithin auch für die sechste u. s. w. kurz für jede Potenz des Binomiums, deren Exponent eine positive ganze Zahl ist.

Beyspiel: $(x+a)^7 = x^7 + 7ax^6 + 21a^2x^5 + 35a^3x^4 + 35a^4x^3 + 21a^5x^2 + 7a^6x + a^7$.

§. 14.

Die Reihe ist geschlossen, so bald ein Koefficient $=0$ wird, weil dann auch jeder folgende Koefficient, welcher, wie man sieht, den vorhergehenden zum Faktor hat, $=0$ wird.

Beyspiel: Wollte man in dem Beyspiele des vorigen §. noch ein 9tes Glied suchen; so hätte man daselbst in dem allgemeinen Ausdrucke dafür $r=8$, mithin den Koefficienten $= \frac{7.6\ldots 0}{1.2\ldots 8} = 0$.

§. 15.

Die Anzahl der Glieder der Reihe ist stets $=n+1$. Denn ist das allgemeine Glied mit dem Faktor a^r das letzte, so erhellet, daß durch eine neue Multiplication mit $x + a$ noch ein Glied hinzukommt (§. 13.), folglich, wenn der Exponent des Binomiums um 1 wächst, auch die Anzahl der Glieder der Reihe um 1 wächst. Da nun für $n = 1$, $n = 2$, $n = 3$, $n = 4$, die Anzahl der Glieder $= n + 1$ ist; so ist sie es auch für $n = 5$ u. s. w.

§. 16.

Die äussersten Glieder der Reihe, so wie die Glieder, welche von den äussersten gleich weit abstehen, haben einerley Koefficienten. Denn es ist der Koefficient des ersten Gliedes $= 1$; der Koefficient des letzten, wenn in dem allgemeinen Ausdruck (§. 10.) $r = n$ gesetzt wird, $= \frac{n.n-1\ldots2.1}{1.2\ldots\ldots n} = 1$. Der Koefficient des zweyten $= n$; der Koefficient des zweyten vom Ende

$$= \frac{n.n-1\ldots2}{1.2\ldots n-1} = \frac{n.n-1\ldots2.1}{1.2\ldots n-1.n} : \frac{1}{n} = 1 : \frac{1}{n} = n.$$

Der Koefficient des dritten $= \frac{n.n-1}{1.2}$; der Koefficient des dritten vom Ende

$$= \frac{n.n-1\ldots3}{1.2\ldots n-2} = \frac{n.n-1\ldots2.1}{1.2\ldots n-1.n} : \frac{1.2}{n.n-1}$$

$$= 1 : \frac{1.2}{n.n-1} = \frac{n.n-1}{1.2} \text{ u. s. w.}$$

Kurz um den Koefficienten des Gliedes t der Zahl nach vom Ende zu erhalten, muß man von den Faktoren $\frac{1}{n}$, $\frac{2}{n-1}$, $\frac{3}{n-2}$ u. s. w., $t-1$ nehmen und damit den Koefficienten des letzten Gliedes $= 1$ dividiren, d. h. mit $\frac{n}{1}$, $\frac{n-1}{2}$, $\frac{n-2}{3}$ u. s. w. multipliciren. Aber auf eben diese Weise erhält man den Koefficienten des Gliedes t der Zahl nach vom Anfange.

Hiernach darf man nur die Koefficienten bis zur Mitte der Reihe suchen, und man hat die übrigen in umgekehrter Folge auch.

Beyspiel: S. d. Beyspiel §. 13.

§. 17.

Auf eine sehr leichte Weise erhält man jedes folgende Glied aus dem vorhergehenden. Kommt es blos auf die Bestimmung des Koefficienten an, so ist der Koefficient des zweyten Gliedes der Reihe $n = A$, des dritten $A\frac{n-1}{2} = B$ u. s. w., kurz allgemein der Koefficient des rten Gliedes $M\frac{n-(r-2)}{r-1} = N$, wenn M der Koefficient des vorhergehenden Gliedes ist.

Beyspiel: In dem Beyspiel §. 13. war $n = A = 7$;

$$B = 7 \cdot \frac{7-1}{2} = 21; \; B = 21 \cdot \frac{7-2}{3} = 35 \text{ u. s. w.}$$

§. 18.

Will man aber das ganze folgende Glied aus dem vorhergehenden haben; so setze man das erste $x^n = \alpha$, und man hat das zweite

$$nax^{n-1} = na\frac{x^n}{x} = n\frac{a}{x}x^n = n\frac{a}{x}\alpha = \beta,$$

und setzt man ein für allemal $\frac{a}{x} = q$, so ist auch

$nq\alpha = \beta$; das dritte Glied

$$\frac{n.\overline{n-1}}{1.2}a^2x^{n-2} = n.\frac{n-1}{2}a^2\frac{x^n}{x^2} = n.\frac{n-1}{2}\frac{a^2}{x^2}x^n$$

$$= n.\frac{n-1}{2}q^2x^n = n.\frac{n-1}{2}q^2\alpha = \frac{n-1}{2}q\beta = \gamma, \text{ u. s.}$$

w. Das rte Glied allgemein $\frac{n-(r-2)}{r-1}q\mu = \nu$, wenn μ das vorhergehende ist.

Beyspiel: Man soll $12^3 = (10+2)^3$ finden.

$x = 10$; $a = 2$; $n = 3$; $q = 0,2$.

$$\begin{array}{rrl} & \alpha = & 1000 \\ & \beta = 3.0,2.1000 = & 600 \\ & \gamma = \frac{2}{2}.0,2.\ 600 = & 120 \\ (r=4); & \delta = \frac{1}{3}.0,2.\ 120 = & 8 \\ (r=5); & \varepsilon = \frac{0}{4}.0.2.\ \ 8 = & 0 \\ \hline & 12^3 = & 1728 \end{array}$$

§. 19.

Hat man $(x-a)^n$; so ist klar, daß alle Glieder, in welchen a mit einem ungeraden Exponenten befindlich ist, negativ werden. Uebrigens ist in der Formul für ν (§. 18.) q negativ, und ist daher μ negativ, so ist ν positiv, und umgekehrt, d. h. die Zeichen der Glieder wechseln in der Reihe ab.

Beyspiel: Man soll $12^3 = (20-8)^3$ finden.

$x = 20$; $a = -8$; $n = 3$; $q = -0,4$.

$$\begin{array}{rrl} & \alpha = & +8000 \\ & \beta = 3.-0,4.8000 = & -9600 \\ & \gamma = \frac{2}{2}.-0,4.9600 = & +3840 \\ (r=4); & \delta = \frac{1}{3}.-0,4.3840 = & -\ 512 \\ (r=5); & \varepsilon = \frac{0}{4}\ .\ .\ .\ .\ . = & 0 \\ \hline & 12^3 = 11840 - 10112 = & 1728 \end{array}$$

§. 20.

Die Form der Reihe (§. 13.) bleibt dieselbe, wenn auch n ein positiver Bruch ist. Zuvörderst aber merke man, daß wenn zwey ähnliche unbestimmt fortlaufende, nach den Potenzen einer veränderlichen Größe geordnete Reihen einander gleich sind, die Koefficienten der ähnlichen Glieder, d. h. derer, in welchen die unbekannte Grösse in einerley Potenz ist, einander gleich seyn müssen. Es sey

$$\alpha + \beta x + \gamma x^2 + \ldots = a + bx + cx^2 + \ldots$$

so muß die Gleichung wahr bleiben, was für einen Werth auch x habe, also auch für $x = 0$. In diesem Falle erhält man $\alpha = x$; folglich

$$\beta x + \gamma x + \ldots = bx + cx^2 + \ldots$$

$$\text{oder } \beta + \gamma x + \ldots = b + cx + \ldots;$$

und für $x = 0$, $\beta = b$ u. s. w.

§. 21.

Nun setze man $n = \frac{r}{p}$, doch so, daß r, p ganze positive Zahlen sind, $p > r$, und

$$(x + a)^{\frac{r}{p}} = \left(x\left(1 + \frac{a}{x}\right)\right)^{\frac{r}{p}} = x^{\frac{r}{p}}\left(1 + \frac{a}{x}\right)^{\frac{r}{p}}.$$

Ferner sey, wie oben (§. 18.), $\frac{a}{x} = q$; so ist

$x^{\frac{r}{p}}\left(1 + \frac{a}{x}\right)^{\frac{r}{p}} = x^{\frac{r}{p}}(1 + q)^{\frac{r}{p}}$. Wüßte man nun $(1 + q)^{\frac{r}{p}}$ in eine Reihe, der (§. 13.) gefundenen ähnlich, aufzulösen, so dürfte man diese nur mit $x^{\frac{r}{p}}$ multipliciren und man hätte den Werth von

$$(x+a)^{\frac{r}{p}}.$$

Man nehme daher unbestimmt

$(1+q)^{\frac{r}{q}} = 1 + Aq + Bq^2 + Cq^3 + \ldots$ Letztere Reihe kann füglich den Werth von

$$(1+q)^{\frac{r}{p}}$$

ausdrucken. Denn 1) kann man sie sich so weit fortgesetzt denken, als man will, ja bis in's Unendliche. 2) Können einige der Koefficienten, wenn es nöthig wäre, auch $=0$ gedacht werden, durch welches Beydes die Reihe, wie man sieht, alle mögliche Werthe erhalten kann; ja 3) wenn $q=0$, so ist

$(1+q)^{\frac{r}{p}} = 1$, und eben so $1+Aq+Bq^2+Cq^3+\ldots = 1$, und auch auf diese Weise entspricht die Reihe dem Werthe von $(1+q)^{\frac{r}{p}}$; kurz es ist nichts vorhanden, weshalb man $(1+q)^{\frac{r}{p}}$ nicht $= 1 + Aq + Bq^2 + Cq^3 + \ldots$ annehmen könnte. Da nun q aus $\frac{a}{x}$ bekannt ist; so kommt es nur darauf an, die Koefficienten A, B, C u. s. w. zu bestimmen.

§. 22.

Zu dem Ende setze man die Summe der veränderlichen Grössen in der Reihe, $Aq + Bq^2 + Cq^3 + \ldots$

$= z$; so ist auch $(1+q)^{\frac{r}{p}} = 1 + z$; folglich $(1+q)^r = (1+z)^p$ oder beyde Theile der Gleichung, da r und p ganze positive Zahlen sind, nach §. 13. aufgelöst:

$$1 + rq + \frac{r.r-1}{1.2} q^2 + \ldots + q^r =$$

$$1 + pz + \frac{p.p-1}{1.2} z^2 + \ldots + z^p.$$

Substituirt man obigen Werth für z; so hat man

$$1 + rq + \frac{r.r-1}{1.2} q^2 + \ldots + q^r =$$

$$1 + pAq + pBq^2 \qquad + pCq^3 + \ldots$$

$$\qquad + \frac{p.p-1}{1.2} A^2 q^2 + \ldots$$

weil z^2 gewiß ein Glied $A^2 q^2$ enthält, aber kein Glied, worin q in einer niedrigern Potenz vorkäme; z^3 enthält gar q^3 als die niedrigste Potenz von q; z^4, q^4 u. s. w.: und das erste, zweite und dritte Glied der letztern Reihe sind also vollständig.

Diese Gleichung bequemer ausgedruckt, giebt

$$1 + rq + \frac{r.r-1}{1.2} q^2 + \ldots + q^r =$$

$$1 + pAq + p\left(\frac{p-1}{2} A^2 + B\right) q^2 + \ldots .$$

Da aber in jedem Falle der Theil der Gleichung linker Hand des Gleichheitszeichens endlich ist, d. h. eine endliche, bestimmte Anzahl von Gliedern, nehmlich $r + 1$ (§. 15.), hat, der Theil rechter Hand aber weniger oder mehr Glieder, als der Theil linker Hand, ja unendlich viele Glieder haben kann, je nachdem das Verhältniß zwischen r und p beschaffen ist und man die Reihe $1 + Aq + Bq^2 + Cq^3 + \ldots$ angenommen hat; so würde man beyde Theile nicht nach §. 20. vergleichen können, um A, B, C u. s. w. zu bestimmen, wenn man nicht annehmen wollte, die Koefficienten der Glieder, welche ein Theil über dem andern hat, wären $= 0$, welches bey dem Theile linker Hand durchaus nicht angeht, und bey dem Theile rechter Hand allemal eine endliche Reihe, von einer bestimmten Anzahl von Gliedern und einem bestimmten Werthe, geben würde, welches wieder nicht seyn kann, da die Grundlage derselben die Reihe $1 + Aq + Bq^2 + Cq^3 + \ldots = (1 + q)^{\frac{r}{p}}$ ist, welche Reihe, wenn, wie vorausgesetzt wird, A, B, C u. s. w. mögliche und rationale Werthe erhalten sollen, da $q = \frac{a}{x}$ einen bestimmten Werth hat, in's Unendliche fortlaufen muß, sobald $(1 + q)^{\frac{r}{p}}$ irrational ist. Man gebe daher beyden Theilen der Gleichung eine unendliche Ausdehnung, indem man

$(1 + q)^{\frac{r}{p}} = (1 + q)^{\frac{r.\infty}{p.\infty}}$ setzt. Hierdurch erhält man wenn man $r.\infty$ für r, und $p.\infty$ für p schreibt,

$$1 + r.\infty q + \frac{r.\infty.(r.\infty - 1)}{1.2} q^2 + \ldots \text{ in infinit.} =$$

$$1 + p.\infty Aq + p.\infty \left(\frac{p.\infty - 1}{2} A^2 + B\right) q^2 + \ldots$$

in infinit.

§. 23.

§. 23.

Nun ist $r.\infty = p.\infty$, oder $A = \frac{r}{p}$ (§. 20.). Ferner

$$\frac{r.\infty.(r.\infty - 1)}{1.2} = p.\infty\left(\frac{p.\infty - 1}{2}A^2 + B\right)$$ oder

$$B = \frac{r.\infty.(r.\infty - 1)}{2p.\infty} - \frac{p.\infty - 1}{2}A^2 =$$

$$\frac{r.\infty.(r.\infty - 1)}{2p.\infty} - \frac{p.\infty - 1}{2}.\frac{r^2}{p^2} =$$

$$\frac{pr.\infty.(r.\infty - 1) - (p.\infty - 1)r^2.\infty}{2p^2.\infty} =$$

$$\frac{pr^2\infty^2 - pr.\infty - pr^2.\infty^2 + r^2.\infty}{2p^2.\infty}$$

$$= \frac{r^2 - pr}{2p^2} = \tfrac{1}{2}.\frac{r}{p}\left(\frac{r}{p} - 1\right) = \frac{\frac{r}{p}.\frac{r}{p} - 1}{1.2}.$$

Da auf diese Weise A und B gefunden sind, so würde man, wenn man (§. 22.) die Reihe rechter Hand des Gleichheitszeichens vollständig hätte und die Rechnung nicht zu verwickelt wäre, auch alle übrigen Koefficienten finden können. Folgender Weg ist bequemer und führt zu einem allgemeinen Ausdruck für jeden Koefficienten, wobey indeß die für A, B hier schon gefundenen Werthe in Anwendung kommen.

§. 24.

Man setze der Kürze wegen $\frac{r}{p} = n$, stelle in der Reihe $1 + Aq + Bq^2 + Cq^3 + \ldots$ den Werth $q = \frac{a}{x}$ wieder her und multiplicire mit x^n; so hat man wie oben (§. 21.)

$$x^n\left(1+\frac{a}{x}\right)^n = x^n\left(1+A\frac{a}{x}+B\frac{a^2}{x^2}+C\frac{a^3}{x^3}+\dots\right)=$$

$$x^n + Ax^{n-1}a + Bx^{n-2}a^2 + Cx^{n-3}a^3 + \dots\dots$$

$+ Mx^{n-m}a^m + \dots$ oder nach den schon bekannten Koefficienten A, B, (§. 23.)

$$(x+a)^n = x^n + nx^{n-1}a + \frac{n \,.\, n-1}{1 \,.\, 2}x^{n-2}a^2 + Cx^{n-3} + \dots$$

$$+ Mx^{n-m}a^m + \dots$$

§. 25.

Jetzt setze man $x + a = 1 + q + z$, $1 + q$ in der bisherigen Bedeutung und z jede positive oder negative Grösse, ja 0 selbst, je nachdem es nöthig ist, um aus $1+q$, $x+a$ zu bilden, auch werde $1+q$ stets als eine Grösse betrachtet; so hat man, nach §. 24., wenn man dort für x, $1+q$, und für a, z setzt;

$$(1+q+z)^n = (1+q)^n + n(1+q)^{n-1}z + \frac{n \,.\, n-1}{1 \,.\, 2}$$

$$(1+q)^{n-2}z^2 + C(1+q)^{n-3}z^3 + \dots\dots\dots$$

$+ M(1+q)^{n-m}z^m + \dots$, und auf beyden Seiten $(1+q)^n$ abgezogen:

$$(1+q+z)^n - (1+q)^n = n(1+q)^{n-1}z + \frac{n \,.\, n-1}{1 \,.\, 2}$$

$$(1+q)^{n-2}z^2 + C(1+q)^{n-3}z^3 + \dots\dots\dots$$

$$+ M(1+q)^{n-m}z^m + N(1+q)^{n-(m+1)}z^{m+1} + \dots$$

§. 26.

Dieselbe Differenz erhält man auch, wenn man in der Reihe für $(1+q)^n$ (§. 21.) überall $q+z$ für q schreibt und hiervon die Reihe für $(1+q)^n$ unverändert abzieht. Nehmlich:

$(1 + q + z)^n = 1 + Aq + Az + B(q^2 + 2qz + z^2) + C(q^3 + 3q^2z + 3qz^2 + z^3) + \ldots\ldots$; Folglich $(1 + q + z)^n - (1 + q)^n = 1 + Aq + Az + Bq^2 + 2Bqz + Bz^2 + Cq^3 + 3Cq^2z + 3Cqz^2 + Cq^3 + \ldots\ldots$

$$+ Mq^m + mMq^{m-1}z + \frac{m.m-1}{1.2}Mq^{m-2}z^2 + \ldots\ldots$$

$$+ Nq^{m+1} + (m+1)Nq^m z + \frac{m+1.m}{1.2}Nq^{m-1}z^2 + \ldots$$

$$- (1 + Aq + Bq^2 + Cq^3 + \ldots + Mq^m + Nq^{m+1} + \ldots)$$

$$= Az + 2Bqz + Bz^2 + 3Cq^2z + 3Cqz^2 + Cz^3 + \ldots$$

$$+ mMq^{m-1}z + \frac{m.m-1}{1.2}Mq^{m-2}z^2 + \ldots\ldots$$

$$+ (m+1)Nq^m z + \frac{m+1.m}{1.2}Nq^{m-1}z^2 + \ldots\ldots$$

§. 27.

Durch Gleichsetzung der Werthe der gleichen Differenzen (§. 25. und §. 26.) erhält man

$$n(1+q)^{n-1}z + \frac{n.n-1}{1.2}(1+q)^{n-2}z^2 +$$

$$C(1+q)^{n-3}z^3 + \ldots\ldots$$

$$+ M(1+q)^{n-m}z^m + N(1+q)^{n-(m+1)}z^{m+1} + \ldots$$

$$= Az + 2Bqz + Bz^2 + 3Cq^2z + 3Cqz^2 + Cz^3 + \ldots$$

$$+ mMq^{m-1}z + \frac{m.m-1}{1.2}Mq^{m-2}z^2 + \ldots\ldots$$

$$+ (m+1)Nq^m z + \frac{m+1.m}{1.2}Nq^{m-1}z^2 + \ldots\ldots,$$

und auf beyden Seiten durch z dividirt:

$$n(1+q)^{n-1} + \frac{n.n-1}{1.2}(1+q)^{n-2}z + C(1+q)^{n-3}z^2 + \ldots$$

$$+ M(1+q)^{n-m}z^{m-1} + N(1+q)^{n-(m+1)}z^m + \ldots$$

$$= A + 2Bq + Bz + 3Cq^2 + 3Cqz + Cz^2 + \dots\dots$$

$$+ mMq^{m-1} + \frac{m.m-1}{1.2} Mq^{m-2}z + \dots\dots$$

$$+ (m+1)Nq^m + \frac{m+1.m}{1.2} Nq^{m-1}z + \dots\dots$$

§. 28.

Da nun z jeden Werth haben, auch = 0 seyn seyn (§. 25.), in welchem letztern Falle $1+q+z = 1+q$, wie es hier nöthig ist; so ist dafür (§. 27.)

$$n(1+q)^{n-1} = A + 2Bq + 3Cq^2 + \dots\dots$$

$$+ mMq^{m-1} + (m+1)Nq^m + \dots\dots$$

Hieraus erhält man $(1+q)^n$, wenn die ganze Gleichung mit $1+q$ multiplicirt, und durch n dividirt wird, oder

$$(1+q)^n = \frac{A}{n} + \frac{2Bq}{n} + \frac{3Cq^2}{n} + \dots\dots$$

$$\frac{Aq}{n} + \frac{2Bq^2}{n} + \frac{3Cq^3}{n} + \dots\dots$$

$$+ \frac{mMq^{m-1}}{n} + \frac{(m+1)Nq^m}{n} + \dots\dots$$

$$\dots\dots + \frac{mMq^m}{n} + \frac{(m+1)Nq^{m+1}}{n} + \dots$$

oder $(1+q)^n = \frac{A}{n} + \frac{(A+2B)q}{n} + \frac{(2B+3C)q^2}{n} + \dots$

$+ \frac{(mM+(m+1)N)q^m}{n} + \dots\dots$ aber auch

$(1+q)^n = 1 + Aq + Bq^2 + \dots + Mq^m + \dots$

Beyde Reihen laufen unbestimmt fort, sind nach einer

veränderlichen Grösse geordnet und einander ähnlich. Folglich (§. 20.) $\frac{A}{n} = 1$; $A = n$; $\frac{A + 2B}{n} = A$, oder $A + 2B = nA$; $B = \frac{nA - A}{2} = \frac{A(n-1)}{2} = \frac{n.n-1}{1.2}$; $\frac{2B + 3C}{n} = B$, oder $2B + 3C = nB$; $C = \frac{nB - 2B}{3} = \frac{B(n-2)}{3} = \frac{n.n-1.n-2}{1.2.3}$; und allgemein der Koefficient des $(m+1)$ten Gliedes nach dem ersten N aus $\frac{mM + (m+1)N}{n} = M$, oder $mM + (m+1)N = nM$; $N = \frac{nM - mM}{m+1} = \frac{M(n-m)}{m+1}$ (wo M der Koefficient des $m$ten Gliedes nach dem ersten), genau so wie §. 17., wo N der Koefficient des $(r-1)$ten Gliedes nach dem ersten aus M, dem Koefficienten des vorhergehenden Gliedes, gefunden ward. Denn $N = \frac{M(n-m)}{m+1}$ hier verwandelt sich das dortige $N = \frac{M(n-(r-2))}{r+1}$, wenn $m + 1 = r - 1$ gesetzt wird.

§. 29.

Da nun, wenn n ein positiver Bruch ist, die Koefficienten der Reihe $(x+a)^n = x^n + Ax^{n-1}a + Bx^{n-2}a^2 + Cx^{n-3}a^3 + \ldots + Mx^{n-m}a^m + \ldots$ (§. 24.) genau in der Form mit den Koefficienten der Reihe, wenn n eine positive ganze Zahl ist (§. 13.), wenigstens in den ersten Gliedern übereinstimmen, man aber jeden folgenden aus dem vorhergehenden, hier, wie dort, auf einerley Weise findet, alles Uebrige in beyden Reihen in der Form genau übereinstimmend ist; so haben überhaupt beyde Reihen eine und dieselbe Gestalt und sind nur eine, welche in allen Fällen Anwendung findet, wenn n eine positive Zahl ist.

§. 30.

Ist n eine positive Bruchzahl, so geht die Reihe ohne Aufhören fort und stellt daher jede Wurzel, selbst die rationale, als eine irrationale Grösse dar. Denn da die Reihe nur dann aufhört, wenn ein Koefficient = 0 wird (§. 14.), dieß aber nie Statt finden kann, wenn n eine positive Bruchzahl ist, indem dann nie ein Faktor $n-1$, $n-2$, u. s. w. $=0$ werden kann; so hört auch die Reihe nie auf.

Beyspiel: $\sqrt{36} = \sqrt{(25+11)} = (25+11)^{\frac{1}{2}}$.

Daher $x = 25$; $a = 11$; $q = 0{,}44$; $n = \frac{1}{2}$; und (§. 17).

$$\alpha = +5{,}000000$$
$$\beta = \tfrac{1}{2} . 0{,}44 . 5 = +1{,}100000$$
$$\gamma = -\tfrac{1}{4} . 0{,}44 . \;1{,}1 = -0{,}121000$$
$$\delta = -\tfrac{3}{6} . 0{,}44 . -0{,}121 = +0{,}008873$$
$$\varepsilon = -\tfrac{5}{8} . 0{,}44 . 0{,}00887 = -0{,}003903$$

u. s. w.

$$\sqrt{36} = 6{,}108873 .. - 0{,}124903 = 5{,}983973 ..$$

§. 31.

Ist aber n eine negative Zahl; so setzt man, so lange die Allgemeinheit des Binomialtheorems noch nicht erwiesen werden kann,

$$(x+a)^{-n} = \frac{1}{(x+a)^n}.$$

IV. Von den unmöglichen Grössen.

§. 32.

Eine unmögliche Grösse ist jede gerade Wurzel aus einer negativen Grösse. Ist diese mit einer andern möglichen auf irgend eine Weise verbunden, so ist auch das Ganze eine unmögliche Grösse.

Beyspiel: $\sqrt{-A}$; $a\sqrt[4]{-A}$; $a+\sqrt{-A}$.

§. 33.

Ist n eine ganze positive Zahl und daher 2n jede positive gerade Zahl; so druckt $\sqrt[2n]{-A}$ eine unmögliche Grösse aus. Da aber $\sqrt[2n]{-A} = \sqrt[2n]{-1 \,.\, A} = \sqrt[2n]{A} \,.\, \sqrt[2n]{-1}$; so ist, wenn man das Mögliche $\sqrt[2n]{A} = \alpha$ setzt, $\sqrt[2n]{-A} = \alpha\sqrt[2n]{-1}$, ein neuer Ausdruck für eine unmögliche Grösse.

Beyspiel: $\sqrt[4]{-16} = \sqrt[4]{16} \,.\, \sqrt[4]{-1} = 2\sqrt[4]{-1}$.

§. 34.

In einer Gleichung, welche mögliche und unmögliche Grössen gemischt enthält, kann nur das Mögliche dem Möglichen, so wie das Unmögliche dem Unmöglichen gleich seyn. Denn es sey $a - c\sqrt{-1}$

$= d - e\sqrt{-1}$; so ist $a - d + e\sqrt{-1} - c\sqrt{-1} = 0$. Da nun begreiflich das Entgegengesetzte des Möglichen nur das Mögliche, so wie das Entgegengesetzte des Unmöglichen nur das Unmögliche seyn kann; so kann nie $a - c\sqrt{-1} = 0$ und eben so wenig $e\sqrt{-1} - d = 0$ seyn: wol aber kann $a - d = 0$; $e\sqrt{-1} - c'\sqrt{1} = 0$ seyn. Da nun einer von beyden Fällen Statt finden muß; so kann es nur der letztere seyn, aus welchem $a = d$; $e\sqrt{-1} = c\sqrt{-1}$ folgt.

Anmerkung. Dasselbe gilt, wenn man statt des Möglichen das Rationale und statt des Unmöglichen das Irrationale setzt.

§. 35.

Jede gerade Zahl 2n (§. 33.) ist ein Product irgend einer Potenz der 2 in irgend eine ungerade Zahl. Denn daß die Potenzen der 2 geraden Zahlen sind, ist für sich klar, und diese lassen sich alle als Producte der 1, einer ungeraden Zahl, betrachten. Alle übrige gerade Zahlen aber, welche keine Potenzen der 2 sind, müssen irgend einen ungeraden Faktor enthalten, weil sie sonst Potenzen der 2 seyn würden.

Beyspiel: $18 = 2.9$; $56 = 2.2.2.7$.

§. 36.

Wenn nun 2^m irgend eine Potenz der 2 und u irgend eine ungerade Zahl bedeuten, so ist (§. 33.)

$$2n = 2^m . u, \text{ und } \sqrt[2n]{-1} = \sqrt[2^m.u]{-1} = \sqrt[2^m]{\sqrt[u]{-1}}.$$

Weil aber u eine ungerade Zahl ist, so ist $\sqrt[u]{-1} = -1$. Folglich $\sqrt[2^m]{\sqrt[u]{-1}} = \sqrt[2^m]{-1}$. Für 2^m aber gelten die Werthe 2, 4, 8, 16. u. s. w. Es ist daher (§. 33.) $\alpha \sqrt[2n]{-1} = \alpha \sqrt[2^m]{-1}$, abermals ein neuer Ausdruck für eine unmögliche Grösse.

Beyspiel: $2\sqrt[18]{-1} = 2\sqrt{-1}$.

§. 37.

Da 2^m (§. 35.) die Bedeutungen 2, 2.2, 2.2.2, u. s. w. hat; so ist $\sqrt[2^m]{-1} = \sqrt{}\sqrt{}\sqrt{}\ldots\sqrt{-1}$.

Beyspiel: $\sqrt[8]{-1} = \sqrt{}\sqrt{}\sqrt{-1}$.

§. 38.

Es kommt also, will man für eine unmögliche Grösse noch weiter einen neuen Ausdruck suchen, zuvörderst darauf an, ihn für $\sqrt{}\sqrt{-1}$ zu suchen. Damit dieß in der größten Allgemeinheit geschehen könne, nehme man statt $\sqrt{-1}$ den Ausdruck $\sqrt{-A}$ und verbinde ihn mit einer möglichen Grösse B, so daß also für $\sqrt{(B+\sqrt{-A})}$ ein Ausdruck zu suchen ist. Setzt man $B=0$; $A=1$; so hat man das Vorige.

§. 39.

Es wird aber $\sqrt{(B+\sqrt{-A})}$ einen möglichen und einen unmöglichen Theil enthalten. Den möglichen nenne man $\sqrt{x}$, den unmöglichen $\sqrt{-y}$; so ist $\sqrt{(B+\sqrt{-A})} = \sqrt{x}+\sqrt{-y}$, und es kommt nun darauf an, daß man x und y aus B und A bestimme.

§. 40.

Es ist aber $B+\sqrt{-A} = x-y+2\sqrt{x}\sqrt{-y}$ $= x-y+2\sqrt{-xy}$. Hieraus folgt (§. 34.) 1) $B=$

$x-y$; 2) $\sqrt{-A}=2\sqrt{-xy}$ oder $-A=-4xy$; $A=4xy$. Aus 1) ist $x=B+y$. Folglich 2) $A=4y(B+y)=4By+4y^2$; $y^2+By=\frac{A}{4}$; $y+\frac{B}{2}=\pm\frac{1}{2}\sqrt{(B^2+A)}$; $y=-\frac{B}{2}\pm\frac{1}{2}\sqrt{(B^2+A)}$ und daraus 1) $x=B-\frac{B}{2}\pm\frac{1}{2}\sqrt{(B^2+A)}=\frac{B}{2}\pm\frac{1}{2}\sqrt{(B^2+A)}$.

§. 41.

Daher nun ist

$$\sqrt{(B+\sqrt{-A})}=\sqrt{\left(\frac{B}{2}\pm\frac{1}{2}\sqrt{(B^2+A)}\right)}$$

$+\sqrt{\left(\frac{B}{2}\mp\frac{1}{2}\sqrt{(B^2+A)}\right)}$. Der Ausdruck rechter Hand des Gleichheitszeichens bezeichnet gleichfalls eine unmögliche Grösse. Dann nimmt man 1) die obern Zeichen der Wurzeln; so bezeichnet, da gewiß $\frac{B}{2}<\frac{1}{2}\sqrt{(B^2+A)}$, der Ausdruck

$$\sqrt{\left(\frac{B}{2}+\frac{1}{2}\sqrt{(B^2+A)}\right)}$$

etwas Mögliches, aber der Ausdruck

$$\sqrt{\left(\frac{B}{2}-\frac{1}{2}\sqrt{(B^2+A)}\right)}$$

etwas Unmögliches, folglich auch das aus beyden Zusammengesetzten etwas Unmögliches. Nimmt man 2) die untern Zeichen der Wurzeln, so ist der Ausdruck

$$\sqrt{\left(\frac{B}{2}-\frac{1}{2}\sqrt{(B^2+A)}\right)}$$

eine unmögliche Grösse, hingegen

$$\sqrt{\left(\frac{B}{2}+\frac{1}{2}\sqrt{(B^2+A)}\right)}$$

eine mögliche, ganz, wie vorhin, nur in umgekehrter Ordnung.

§. 42.

Jetzt wird sich $\sqrt{\sqrt{-1}}$, $\sqrt{\sqrt{\sqrt{-1}}}$ u. s. w. (§. 38.) aus der (§. 40.) gefundenen Formel bestimmen lassen. Denn sucht man $\sqrt{\sqrt{-1}}$, so setze man in der Formel $B = 0$; $A = 1$, und man hat $\sqrt{\sqrt{-1}} = \sqrt[4]{-1} = \sqrt{\tfrac{1}{2}\sqrt{1}} + \sqrt{-\tfrac{1}{2}\sqrt{1}} = \sqrt{\tfrac{1}{2}} + \sqrt{-\tfrac{1}{2}} = \sqrt{\tfrac{1}{2}} + \sqrt{\tfrac{1}{2}} \cdot \sqrt{-1}$ (§. 33.) Sucht man $\sqrt{\sqrt[4]{-1}}$; so setze man nach dem eben Gefundenen $B = \sqrt{\tfrac{1}{2}}$; $A = \tfrac{1}{2}$ und man erhält $\sqrt{\sqrt[4]{-1}} = \sqrt[8]{-1} = \sqrt{(\sqrt{\tfrac{1}{2}} + \sqrt{-\tfrac{1}{2}})} = \sqrt{(\tfrac{1}{2}\sqrt{\tfrac{1}{2}} + \tfrac{1}{2}\sqrt{1})} + \sqrt{(\tfrac{1}{2}\sqrt{\tfrac{1}{2}} - \tfrac{1}{2}\sqrt{1})} = \sqrt{(\tfrac{1}{2}\sqrt{\tfrac{1}{2}} + \tfrac{1}{2})} + \sqrt{(\tfrac{1}{2}\sqrt{\tfrac{1}{2}} - \tfrac{1}{2})}$. Will man diesen Ausdruck zusammenziehen und auf die Gestalt des vorigen zurückführen, so ist in $\sqrt{(\tfrac{1}{2}\sqrt{\tfrac{1}{2}} - \tfrac{1}{2})}$, $\tfrac{1}{2} > \tfrac{1}{2}\sqrt{\tfrac{1}{2}}$, folglich $\sqrt{(\tfrac{1}{2}\sqrt{\tfrac{1}{2}} - \tfrac{1}{2})} = \sqrt{-(\tfrac{1}{2} - \tfrac{1}{2}\sqrt{\tfrac{1}{2}})} = \sqrt{(\tfrac{1}{2} - \tfrac{1}{2}\sqrt{\tfrac{1}{2}})} \cdot \sqrt{-1}$. Daher $\sqrt[8]{-1} = \sqrt{(\tfrac{1}{2} + \tfrac{1}{2}\sqrt{\tfrac{1}{2}})} + \sqrt{(\tfrac{1}{2} - \tfrac{1}{2}\sqrt{\tfrac{1}{2}})} \cdot \sqrt{-1}$.

Druckt man nun die Gestalt des vorigen Ausdrucks $\sqrt[4]{-1}$ durch $r + w\sqrt{-1}$ aus, so gilt, wie man sieht, dieser Ausdruck auch für $\sqrt[8]{-1} = \sqrt{\sqrt[4]{-1}}$; und, da die Operation wodurch man ihn für $\sqrt{\sqrt[2^m]{-1}}$ aus $\sqrt[2^m]{-1}$ erhält, stets dieselbe bleibt, welche Potenz der 2 auch 2^m bedeute, so wird er auch stets dieselbe Gestalt haben: kurz jede unmögliche Grösse von der

Form $\sqrt[2m]{-1}$ läßt sich durch $r + w\sqrt{-1}$ ausdrucken. Aber auch jede anders gestaltete unmögliche Grösse läßt sich leicht auf diesen Ausdruck zurückführen.

§. 43.

Zwey unmögliche Grössen, welche in ihrem unmöglichen Theile einander gleich und entgegengesetzt sind, verlieren das Unmögliche in der Summe.

Anmerkung: Dasselbe gilt, wenn man statt: unmöglich, irrational liest.

Beyspiel. $t + w\sqrt{-1} + r - w\sqrt{-1} = t + r$; $t + w\sqrt{A} + r - w\sqrt{A} = t + r$.

§. 44.

Bey der Subtraction zweyer unmöglicher Grössen müssen die unmöglichen Theile derselben einander genau gleich seyn, wenn die Differenz nichts Unmögliches enthalten soll.

Anmerkung: Dasselbe gilt auch für irrationale Grössen.

Beyspiel: $t + w\sqrt{-1} - (r + w\sqrt{-1}) = t - r$.
$t + w\sqrt{A} - (r + w\sqrt{A}) = t - r$.

§. 45.

Zwey unmögliche Grössen, welche in ihrem möglichen Theile einander gleich, in ihrem unmöglichen aber einander gleich und entgegengesetzt sind, verlieren im Producte das Unmögliche, und das Product ist stets eine positive Grösse.

Anmerkung: Dasselbe gilt auch für irrationale Grössen, nur daß der positive oder negative Werth des Products nicht bestimmt ist.

Beyspiel: $(\pm r \pm w\sqrt{-1})(\pm r \mp w\sqrt{-1})$
$= r^2 + w^2$.
$(r + w\sqrt{A})(r - w\sqrt{A}) = r^2 - w^2 A$.

§. 46.

Durch die Division verlieren zwey unmögliche Grössen das Unmögliche nur, wenn eine in der andern gewisse Male genau enthalten ist.

Anmerkung: Dasselbe gilt auch für irrationale Grössen.

Beyspiel: $\frac{2+4\sqrt{-1}}{3+6\sqrt{-1}} = \frac{2}{3}; \frac{2+4\sqrt{A}}{3+6\sqrt{A}} = \frac{2}{3}$.

V. Theorie der Gleichungen, mit einer allgemeinen Auflösung derselben durch Näherung.

§. 47.

Eine einfache Gleichung, $x - \alpha = 0$, hat nur eine Wurzel, $x = \alpha$. Denn sollte auch $x = \beta$ seyn; so wäre auch $x - \beta = 0$. Dieß kann aber nur seyn, wenn $\alpha = \beta$.

§. 48.

Multiplicirt man zwey einfache Gleichungen $(x - \alpha)$ $(y - \beta)$ in einander, so erhält man $xy - \alpha y - \beta x + \alpha\beta$, deren Werth man $= z$ setze. Dieß ist eine quadratische Gleichung, wenn der einfachen Gleichungen (oder Faktoren) zwey waren. Jede Multiplication mit einer neuen einfachen Gleichung wird den Grad der zusammengesetzten um 1 erhöhen. n ein=

fache Gleichungen werden daher eine zusammengesetzte vom $n$ten Grade geben.

§. 49.

Setzt man $x = y = \ldots$; so erhält man aus $xy - \alpha y - \beta x + \alpha\beta = z$ (§. 48.) die Gleichung $x^2 - \alpha x - \beta x + \alpha\beta = x^2 - (\alpha + \beta)x + \alpha\beta = z$; oder allgemein $x^n + Ax^{n-1} + Bx^{n-2} + \ldots + Q = z$. Natürlich muß x dann mehr, als einen Werth haben, da ja x, y, u. s. w. verschiedene Grössen bedeuteten, deren jede durch x ausgedruckt wird. Aber es kann durchaus nicht mehr Werthe haben, als einfache Gleichungen die zusammengesetzte bildeten. Denn x, y, u. s. w. hatte ja nur jedes einen Werth (§. 47.)

Eine so entstandene quadratische Gleichung hat daher 2, eine kubische 3 u. s. w., aber auch nicht mehr, Wurzeln.

§. 50.

Hat man nun $(x - \alpha)(x - \beta) = x^2 - (\alpha + \beta)x + \alpha\beta = z$ und man setzt $x - \alpha = 0$, oder $x - \beta = 0$; so ist auch $z = 0$. Da aber jede Gleichung in ihrer allgemeinsten Gestalt sich auf 0 reduciren läßt; so muß auch in jedem Falle $z = 0$ seyn, d. h. so wohl, wenn x in Beziehung auf α, als auch wenn x in Beziehung auf β u. s. w., wenn die Gleichung von einem höhern Grade ist, betrachtet wird. Nur darf man nicht schließen, weil $x - \alpha = 0$; $x - \beta = 0$, u. s. w., daß $x = \alpha = \beta = \gamma$ u. s. w. Dieß kann nie allgemein seyn. Ist $x - \alpha = 0$, so läßt man sich indeß unbekümmert um das, was $x - \beta$; $x - \gamma$ u. s. w. sey.

§. 51.

Wird nun $(x-\alpha)(x-\beta) = x^2 - (\alpha+\beta)x + \alpha\beta = 0$; so ist, $x-\alpha=0$ gesetzt, $x=\alpha$, und $x-\beta=0$ gesetzt, $x=\beta$, und α und β sind also die Wurzeln dieser Gleichung.

§. 52.

Bezeichnet $\overset{\circ}{\alpha}$ eine unmögliche Grösse, $\overset{\circ}{\beta}$ dieselbe, jener in ihrem unmöglichen Theile entgegengesetzte; so hat man $(x-\overset{\circ}{\alpha})(x-\overset{\circ}{\beta}) = x^2 - (\overset{\circ}{\alpha}+\overset{\circ}{\beta})x + \overset{\circ}{\alpha}\overset{\circ}{\beta} = z$. Man setze allgemein $\overset{\circ}{\alpha} = \gamma + \delta\sqrt{-1}$; $\overset{\circ}{\beta} = \gamma - \delta\sqrt{-1}$ (§. 42.); so ist $\alpha+\beta = 2\gamma$, etwas Mögliches (§. 43.) und $\overset{\circ}{\alpha}\overset{\circ}{\beta} = \gamma^2 + \delta^2$ auch etwas Mögliches (§. 45.), und die Gleichung hat eine mögliche Gestalt. Daher bilden je zwey einfache unmögliche Gleichungen, nur von der oben angegebenen Beschaffenheit, eine mögliche zusammengesetzte, deren Wurzeln, wenn $z=0$, $x=\overset{\circ}{\alpha}$; $x=\beta$ (§. 51.) beyde unmöglich sind.

§. 53.

Multiplicirt man aber $(x-\alpha)(x-\beta) = x^2 - (\alpha+\overset{\circ}{\beta})x + \alpha\overset{\circ}{\beta} = z$; so sind, wie man sieht, das zweyte und dritte Glied unmöglich, wenn $\overset{\circ}{\beta}$ eine unmögliche Grösse bedeutet.

§. 53.

§§. 52. und 53. lehren allgemein, daß, wenn die zusammengesetzte Gleichung eine mögliche Form haben soll, die einfachen Gleichungen, aus welchen sie zusammengesetzt ist, entweder alle möglich seyn, oder doch die unmöglichen Paarweise und in der (§. 52.) angeführten Beschaffenheit vorkommen müssen. Eine auf diese Weise aus Zusammensetzung mehrerer einfachen Gleichungen entstandene quadratische Gleichung kann 2 oder gar keine, eine kubische 2 oder gar keine, eine biquadratische 2, 4 oder gar keine u. s. w. unmögliche Wurzeln enthalten, vorausgesetzt hier, wie überall, daß die zusammengesetzte Gleichung eine mögliche Form habe.

§. 55.

Ist in einer auf die beschriebene Weise zusammengesetzten Gleichung eine Wurzel α bekannt; so ist man gewiß, daß $x - \alpha$ ein Faktor der Gleichung sey, folglich diese sich dadurch ohne Rest dividiren lasse. Dadurch wird die zusammengesetzte Gleichung um einen Grad niedriger.

§. 56.

Löst man die quadratische Gleichung $x^2 + ax + b = 0$ auf die gewöhnliche Weise auf; so erhölt man

$$x = -\frac{a}{2} \pm \sqrt{\left(\frac{a^2}{4} - b\right)}.$$

Die Möglichkeit des doppelten Werthes von x hängt hier von dem Ausdruck $\sqrt{\left(\frac{a^2}{4} - b\right)}$ ab. Ist nemlich b negativ, folglich $-b$ positiv; so sind beyde Werthe von x möglich. Aber auch, wenn b positiv ist, sind die Werthe von x möglich, wenn $\frac{a^2}{4} = b$,

oder

oder $\frac{a^2}{4} > b$. Im erstern Falle sind beyde Wurzeln einerley $= -\frac{a}{2}$. Nur, wenn b positiv und $\frac{a}{4} < b$, sind beyde Werthe von x unmöglich.

§. 57.

Sind umgekehrt beyde Wurzeln der quadratischen Gleichung möglich, so ist $\sqrt{\left(\frac{a^2}{4} - b\right)}$ auch möglich; denn sonst müßten die Wurzeln unmöglich seyn: und sind beyde Wurzeln unmöglich, so ist auch $\sqrt{\left(\frac{a^2}{4} - b\right)}$ unmöglich, weil sonst die Wurzeln möglich seyn müßten (§. 56.).

Beyspiel: $x^2 + 2x - 8 = 0$, worin $a = 2$; $b = -8$, und $x = 2$; $x = -4$. Daher ist auch $\sqrt{(1 + 8)} = 3$ möglich. Ferner $x^2 + 2x + 8 = 0$, worin $a = 2$; $b = 8$ und $x = -1 \pm \sqrt{-7}$, und der Ausdruck $\sqrt{(1 - 8)}$ unmöglich.

§. 58.

Ist $x^2 - b = 0$; so ist $x = \pm \sqrt{b}$. Die Möglichkeit des doppelten Werthes von x hängt hier von dem Ausdrucke $\sqrt{b}$ ab. Ist nämlich b positiv, so sind beyde Werthe möglich; ist aber b negativ, so sind beyde Werthe unmöglich.

§. 59.

Jede quadratische Gleichung $x^2 + ax + b = 0$ läßt sich als ein Product zweyer Faktoren $(x - \alpha)\ (x - \beta)$

(§. 50.) betrachten. Dieß erhellet, wenn man $a = -(\alpha + \beta)$; $b = \alpha\beta$ setzt, woraus sich α und β entwickeln lassen. Denn es ist $\alpha = -(a + \beta)$; folglich $b = -(a\beta + \beta^2)$ oder $\beta^2 + a\beta = -b$; woraus

$\beta = -\frac{a}{2} \pm \sqrt{\left(\frac{a^2}{4} - b\right)}$ und daraus

$\alpha = -\frac{a}{2} \mp \sqrt{\left(\frac{a^2}{4} - b\right)}$. Oder da aus der Gleichung unmittelbar $x = -\frac{a}{2} \pm \sqrt{\left(\frac{a^2}{4} - b\right)}$ folgt, so mache man, indem man die Werthe von x, α und β setzt, daraus die Faktoren $x - \alpha$, $x - \beta$, deren Product die quadratische Gleichung geben wird. Denn es ist $(x - \alpha)(x - \beta) = x^2 - (\alpha + \beta)x + \alpha\beta =$

$$x^2 - \left(-\frac{a}{2} \pm \sqrt{\left(\frac{a^2}{4} - b\right)} + \left(-\frac{a}{2} \mp \sqrt{\left(\frac{a^2}{4} - b\right)}\right)\right)x + \left(-\frac{a}{2} \pm \sqrt{\left(\frac{a^2}{4} - b\right)}\right)$$

$\left(-\frac{a}{2} \mp \sqrt{\left(\frac{a^2}{4} - b\right)}\right) = x^2 + ax + b$. Auf die eine oder die andere Weise lassen sich also gewiß zwey Faktoren angeben, deren Product die gegebene quadratische Gleichung ist.

Anmerk. Auf die erstere Weise, da α und β mit den beyden Werthen von x genau übereinstimmen, läßt sich also auch eine quadratische Gleichung auflösen. Man erhält aber für α oder β eine Gleichung, welche ganz die gegebene für x ist, wenn man darin statt x, α setzt, als: $x^2 + 2x - 8 = 0$; folglich $-\alpha - \beta = 2$ (I); $\alpha\beta = -8$ (II); und $\beta = -\alpha - 2$

(I); daher $\alpha^2 + 2\alpha = 8$ (II) oder $\alpha^2 + 2\alpha - 8 = 0$, die obige Gleichung in der $\alpha = x = \begin{cases} +2 \\ -4 \end{cases}$ gefunden wird.

§. 60.

Jeder dieser Faktoren, wenn die Gleichung o seyn soll, ist die Differenz zwischen x und seinem jedesmaligen Werthe (§. 59. verglichen mit §. 51.). Hieraus erhellet, daß der Koefficient des zweyten Gliedes = der Summe der entgegengesetzten Werthe von x, und der Koefficient des dritten (indem der Faktor x^0 supplirt wird) = der Summe der Producte je zweyer dieser entgegengesetzten (oder, was hier gleichgültig ist, nicht entgegengesetzten) Werthe von x.

§. 61.

Ist daher nur erst ein Werth von x bekannt, $x = \alpha$, folglich $x - \alpha = 0$; so muß, α statt x in die Gleichung gesetzt, diese $= 0$ werden: und da $x - \alpha$ gewiß einer der Faktoren ist (§. 59.), aus welchen die Gleichung zusammengesetzt ist; so muß er auch darin aufgehen, wodurch man eine einfache Gleichung von der Form $x - \beta = 0$ bekommt; woraus man $x = \beta$ findet. Und mehr als zwey Werthe kann eine quadratische Gleichung nicht haben (§. 49.)

Beyspiel: Wüßte man, daß in $x^2 + 2x - 8 = 0$, $x = 2$, folglich $x - 2 = 0$, so würde man $\frac{x^2 + 2x - 8}{x - 2} = x + 4$, den zweyten Faktor erhalten. Diesen $= 0$ gesetzt, giebt $x = -4$ (§. 59, Beyspiel.)

§. 62.

Fehlt in einer quadratischen Gleichung das zweyte Glied, so kann dieß nur Statt finden, wenn der Koefficient desselben $= 0$ ist, indem x einen gewissen Werth behalten muß. Soll aber der Koefficient $= 0$ werden; so folgt (§. 60.), daß die Werthe von x einander gleich und entgegengesetzt seyn müssen. In diesem Falle aber wird die quadratische Gleichung eine reine, welche auch, wie bekannt, zwey gleiche und entgegengesetzte Werthe hat, als $x^2 - b = 0; x = \pm\sqrt{b}$. Das letzte Glied kann nie bey irgend einer Gleichung fehlen, weil sonst die Gleichung durch x theilbar seyn, mithin sie sich auf einen niedrigern Grad reduciren lassen würde.

§. 63.

Soll in einer quadratischen Gleichung $x^2 + 2x + b = 0$ das zweyte Glied fortgeschafft werden, was allerdings Vortheile gewähren würde; so muß $a = -\alpha - \beta = 0$; $\alpha = -\beta$, d. h. die Werthe von x müßten einander gleich und entgegengesetzt gemacht werden. Gesetzt die wahren Werthe von x wären m und n; so läßt sich eine Größe c angeben, welche sowol zu m, als zu n addirt, gleiche, aber entgegengesetzte Summen giebt (z. B. für 4 und 6 die Größe -5; denn $4 - 5 = -(6 - 5)$: oder für 4 und -6 die Größe; 1 denn $4 + 1 = -(1 - 6)$ u. s. w.). Da aber m und n beyde durch x ausgedruckt und noch unbekannt sind; so kann man statt $m + c$, $n + c$, allgemein nur $x + c$ setzen. Es sey aber $x + c = y$ oder $x = y - c$. Dieser Werth von x in die Gleichung gesetzt giebt:

$$\begin{aligned} x^2 &= y^2 - 2yc + c^2 \\ ax &= ay - ac \\ b &= b \\ \hline o &= y^2 + (a - 2c)y + c^2 - ac + b. \end{aligned}$$

Soll nun $(a - 2c)y = o$ seyn; so muß, da y einen bestimmten Werth hat, $a - 2c = o$ seyn. Dieß giebt $c = \frac{a}{2}$. Folglich wird aus einer vollständigen quadratischen Gleichung das zweite Glied fortgeschafft, wenn man $x = y - \frac{a}{2}$ setzt. Die unreine quadratische Gleichung wird dadurch zu einer reinen, deren beyde Werthe man findet, und daraus dann den Werth von x bestimmt.

Anmerkung: Auch dieß ist ein Weg, eine gemischte quadratische Gleichung, welche immer vollständig ist, aufzulösen.

Beyspiel: $x^2 + 2x - 8 = o$ (§. 59, Beyspiel) $x = y - 1$; Folglich

$$\begin{aligned} x^2 &= y^2 - 2y + 1 \\ 2x &= 2y - 2 \\ -8 &= - 8 \\ \hline o &= y^2 - 9;\ y^2 = 9;\ y = \pm 3; \text{ folglich} \end{aligned}$$

$x = \pm 3 - 1 = \begin{cases} +2 \\ -4 \end{cases}$, wie vorhin.

§. 64.

Jede vollständige cubische Gleichung läßt sich als ein Product dreyer Faktoren $(x - \alpha)(x - \beta)(x - \gamma)$ betrachten (§. 49.). Dieß erhellet daraus, daß, wenn $x^3 + ax^2 + bx + c = o$ und man $a = -(\alpha + \beta + \gamma)$;

$b = \alpha\beta + \alpha\gamma + \beta\gamma$; $c = -\alpha\beta\gamma$ setzt, sich α, β, γ aus a, b, c bestimmen lassen, obgleich hierzu die Auflösung einer cubischen Gleichung erfordert wird.

§. 65.

Da zwey Faktoren $(x-\alpha)(x-\beta)$ eine quadratische Gleichung geben (§. 49.); so läßt sich jede cubische Gleichung in eine quadratische und eine einfache zerfällen. Jeder der einfachen Faktoren, wenn die Gleichung $=0$ seyn soll, ist die Differenz zwischen x und seinem jedesmaligen Werthe (§. 64. verglichen mit §. 51.). Hieraus, und wenn man die quadratische Gleichung $x^2 + ax + b = 0$ noch einmal durch $(x-\gamma)$ multiplcirt, nähmlich

$$\begin{array}{l} x^3 + ax^2 + bx \\ \quad -\gamma x^2 - \gamma ax - \gamma b \\ \hline x^3 + (a-\gamma)x^2 + (b-\gamma a)x - \gamma b \end{array}$$

oder allgemeiner $x^3 + ax^2 + bx + c = 0$, erhellet, daß der Koefficient des zweiten Gliedes aus der Summe der entgegengesetzten Werthe von x, der Koefficient des dritten Gliedes aus der Summe der Producte je zweyer entgegengesetzten (oder nicht entgegengesetzten) Werthe von x, der Koefficient des vierten Gliedes (x^0 als Faktor hinzugedacht) aus dem Producte aller drey entgegengesetzten Werthe von x besteht.

§. 66.

Ist aber ein Werth von x bekannt, $x = \alpha$; so muß α, statt x in die Gleichung gesetzt, dieselbe $=0$ machen: und da $x - \alpha$ gewiß einer ihrer Faktoren ist (§. 65.), so muß sie durch ihn sich ohne Rest dividiren lassen. Auf diese Weise aber bekömmt man eine quadratische Gleichung, durch deren Auflösung man noch zwey Werthe für x erhält, und mehr, als drey, Werthe kann eine cubische Gleichung nicht haben (§. 49.).

Beyspiel: Wüßte man, daß in $x^3+6x^2+11x+6=0$, $x=-1$, folglich $x+1=0$; so würde man $\frac{x^3+6x^2+11x+6}{x+1}=x^2+5x+6=0$ und daraus $x=-2$; $x=-3$ erhalten.

§. 67.

Da $a=-(\alpha+\beta+\gamma)$; $b=\alpha\beta+\alpha\gamma+\beta\gamma$ (§. 64.); so ist auch $a^2=\alpha^2+\beta^2+\gamma^2+2(\alpha\beta+\alpha\gamma+\beta\gamma)=\alpha^2+\beta^2+\gamma^2+2b$ und $a^2-2b=\alpha^2+\beta^2+\gamma^2$. Sind nun α, β, γ, mögliche Werthe; so muß $\alpha^2+\beta^2+\gamma^2$, jedes, folglich auch das Ganze, positiv seyn. Sobald also a^2-2b einen positiven Werth giebt, so kann die Gleichung drey mögliche Wurzeln haben, obgleich, wie man bald sehen wird, daraus noch nicht folgt, daß sie sie haben muß. Ist aber a^2-2b negativ, so kann die Gleichung nicht drey mögliche Wurzeln haben, weil sonst a^2-2b positiv seyn müßte. Es wird aber a^2-2b nur dann negativ, wenn b in der Gleichung positiv und $>\frac{a^2}{2}$ ist.

Beyspiel: In $x^3+6x^2+11x+6=0$ (§. 66. Beyspiel) ist $a=6$; $b=11$, folglich $a^2-2b=14$, positiv, und die Gleichung hat drey mögliche Wurzeln.

In $x^3+3x^2+4x-8=0$ ist $a=3$; $b=4$, folglich $a^2-2b=1$, zwar positiv, aber doch hat die Gleichung nur eine mögliche Wurzel, $x=1$, und zwey unmögliche, $x = -2 \pm \sqrt{-4}$, die man mit Hülfe §. 66. findet.

In $x^3 + x^2 + 2x - 4 = 0$ ist $a = 1$; $b = 2$; folglich $a^2 - 2b = -3$, negativ, und die Gleichung kann nur eine mögliche Wurzel, $x = 1$, haben und hat daneben zwey unmögliche, $x = -1 \pm \sqrt{-1}$.

§. 68.

Fehlt in einer cubischen Gleichung ein Glied; so muß, da x einen bestimmten Werth haben soll, der Koefficient desselben $= 0$ seyn. Nie aber kann das vierte Glied fehlen, weil sonst die cubische Gleichung durch x theilbar und auf eine quadratische zurückzuführen seyn würde. Fehlt das zweite Glied; so muß auch hier die Summe der entgegengesetzten Werthe von x Null seyn, u. s. w. (§. 65.)

§. 69.

Soll das zweyte Glied einer vollständigen cubischen Gleichung weggeschafft werden, so muß in $x^3 + ax^2 + bx + c = 0$, $a = -(\alpha + \beta + \gamma) = 0$ seyn. Es gelten hier nun dieselben Schlüsse, wie oben (§. 63.). Man nehme nämlich mit jedem Werthe von x die Grösse d zusammen, wodurch jene so verändert werden, daß die Summe ihres Entgegengesetzten $= 0$, oder man nehme $x + d = y$, woraus $x = y - d$ folgt. Dieß in die Gleichung für x substituirt, giebt

$$
\begin{array}{rl}
x^3 = & y^3 - 3y^2 d + 3yd^2 - d^3 \\
ax^2 = & \quad ay^2 - 2ady + ad^2 \\
bx = & \quad by - bd \\
c = & \quad + c \\
\hline
0 = & y^3 + (a - 3d)y^2 + (3d^2 - 2ad + b)y \\
& + d(ad - d^2 - b) + c.
\end{array}
$$

Soll hierin das zweyte Glied fehlen, so muß, da y einen bestimmten Werth hat, $a - 3d = 0$, folglich $d = \frac{a}{3}$ seyn. Daher setze man in die Gleichung für x, $x = y - \frac{a}{3}$ und man erhält eine neue cubische Gleichung, in welcher das zweite Glied fehlt. Wollte man auf dieselbe Weise nun auch das dritte, nunmehrige zweyte, wegschaffen; so würde man das zweyte wieder herstellen, weil, wenn y ferner $= z + e$ gesetzt würde, schon y^3 alle vier Glieder darstellt.

§. 70.

Die cubische Gleichung, in welcher das zweyte Glied fehlt, wird nun die Form haben: $x^3 + bx + c = 0$, und ist diese aufgelöst, so ist es auch die, aus welcher sie entstand, wenn nicht jenes die ursprüngliche Gleichung selbst ist. Kurz, nur diese darf aufgelöst werden, weil jeder gemischten kubischen Gleichung diese Form gegeben werden kann.

§. 71.

Man weiß aber, daß darin die Summe der entgegengesetzten Werthe der unbekannten Größe $= 0$ ist. Jetzt suche man auf eine ähnliche Weise wie §. 69. das dritte (hier das zweyte) Glied wegzuschaffen, doch so, daß, wenn dadurch, wie (§. 69.) gezeigt ist, das zweyte wieder hergestellt werden sollte, dieses nachher von den Theilen eines oder mehrerer der übrigen Glieder wieder gehoben werde. Zu dem Ende setze man von Neuem $x = y - d$ und man erhält

$$\begin{aligned} x^3 &= y^3 - 3y^2d + 3yd^2 - d^3 \\ bx &= \qquad\qquad\qquad by \quad - bd \\ c &= \qquad\qquad\qquad\qquad + c \\ \hline 0 &= y^3 - 3y^2d + 3yd^2 + by - d^3 - bd + c. \end{aligned}$$

Soll nun diese Gleichung nicht unbequemer ausgedruckt seyn, als die gegebene, so muß d hier so genommen werden, daß wenigstens das Glied $3y^2d$ wieder wegfalle. Dann müßte aber $d = 0$, folglich $x = y$ seyn, womit man um nichts weiter wäre, als vorher. Man nehme also an, daß dieses Glied mit irgend einem andern sich höbe, als z. B. $-3y^2d + 3yd^2 = 0$, dieß würde $y = d$, folglich $x = 0$ geben, welches nicht seyn kann, da x einen Werth behalten soll.

Man versuche $- 3y^2d + by = 0$. Dieß giebt $d = \frac{b}{3y}$, dem nichts entgegen steht. Auf diese Weise würden also zwey Glieder wieder wegfallen, und die Gleichung gäbe nun, $x = y - \frac{b}{3y}$ gesetzt, $y^3 + \frac{b^2}{3y} - \frac{b^3}{27y^3} - \frac{b^2}{3y} + c = y^3 - \frac{b^3}{27y^3} + c = 0$. Hierin ist von der unbekannten Größe nur y^3. Man betrachte es als einfache Größe und setze $y^3 = u$; so erhält man die quadratische Gleichung $u^2 + cu - \frac{b^3}{27} = 0$, und

$$u = -\frac{c}{2} \pm \sqrt{\left(\frac{c^2}{4} + \frac{b^3}{27}\right)}.$$

Folglich $y = \sqrt[3]{\left(-\frac{c}{2} \pm \sqrt{\left(\frac{c^2}{4} + \frac{b^3}{27}\right)}\right)}$.

Ist y gefunden, so findet man aus $x = y - \frac{b}{3y}$ auch x u. s. w.

§. 72.

Zu demselben Resultate gelangt man auch, wenn man in $x^3 + bx + c = 0$, $x = \alpha + \beta$ setzt. Denn die Gleichung giebt $x^3 = -bx - c$, und $x = \alpha + \beta$ giebt $x^3 = \alpha^3 + 3\alpha^2\beta + 3\alpha\beta^2 + \beta^3 = \alpha^3 + \beta^3 + 3\alpha\beta(\alpha + \beta) = \alpha^3 + \beta^3 + 3\alpha\beta x$. Folglich $-bx - c = 3\alpha\beta x + \alpha^3 + \beta^3$. Und dieß findet gewiß Statt, wenn $3\alpha\beta = -b$; $\alpha^3 + \beta^3 = -c$. Hieraus aber erhält man $\beta = -\frac{b}{3\alpha}$ und dieß in die zweyte Gleichung gesetzt giebt

$\alpha^3 - \frac{b^3}{27\alpha^3} = -c$. Jetzt sey $\alpha^3 = u$, so ist $u^2 + cu = \frac{b^3}{27}$;

$u = -\frac{c}{2} \pm \sqrt{\left(\frac{c^2}{4} + \frac{b^3}{27}\right)}$, folglich

$\alpha = \sqrt[3]{\left(-\frac{c}{2} \pm \sqrt{\left(\frac{c^2}{4} + \frac{b^3}{27}\right)}\right)}$ wie vorhin (§. 71.)

oder $y = \alpha$, folglich $-\frac{b}{3y} = \beta$. Aus $\alpha^3 + \beta^3 = -c$

aber hat man $\beta^3 = -c - \alpha^3 = -\frac{c}{2} \mp \sqrt{\left(\frac{c^2}{4} + \frac{b^3}{27}\right)}$

und daher $\beta = \sqrt[3]{\left(-\frac{c}{2} \mp \sqrt{\left(\frac{c^2}{4} + \frac{b^3}{27}\right)}\right)}$.

In der Folge soll bey weitläufigern Rechnungen nur auf $x = \alpha + \beta$, des bequemern Ausdrucks wegen, Rücksicht genommen werden.

Anmerkung. Man nennt die eine oder die andere Weise, eine gemischte kubische Gleichung aufzulösen, Cardan's Regel von ihrem angeblichen Erfinder. Auch lassen sich diese Methoden, freylich nicht im Wesentlichen und nicht kürzer, verändern.

§. 73.

Genau genommen findet man für $x = \alpha + \beta$ zwey Werthe. Denn setzt man der Kürze halben

$\pm \sqrt{\left(\frac{c^2}{4} + \frac{b^3}{27}\right)} = \pm A$ so hat man

$$\text{I)}\ \alpha = \sqrt[3]{\left(-\frac{c}{2} + A\right)};\ \beta = \sqrt[3]{\left(-\frac{c}{2} - A\right)}$$

$$\text{II)}\ \alpha = \sqrt[3]{\left(-\frac{c}{2} - A\right)};\ \beta = \sqrt[3]{\left(-\frac{c}{2} + A\right)}$$

Da aber erhellet, daß $\alpha + \beta$ (I) $= \alpha + \beta$ (II) so erhält man für x denselben Werth, man mag $\pm A$ wählen, wie man will.

Beyspiel: $x^3 - 3x^2 + 2x - 6 = 0$.

Man setze $x = y + 1$ (§. 69.); so hat man

$$\begin{array}{rl} x^3 = & y^3 + 3y^2 + 3y + 1 \\ -3x^2 = & \quad -3y^2 - 6y - 3 \\ 2x = & \qquad\qquad 2y + 2 \\ -6 = & \qquad\qquad\quad -6 \\ \hline 0 = & y^3 - y - 6, \end{array}$$

worin $b = -1$; $c = -6$ (§. 70.); und $y = \alpha + \beta$ gesetzt (§. 72.), giebt

$$\alpha = \sqrt[3]{\left(3+\sqrt{\left(9-\frac{1}{27}\right)}\right)} = \sqrt[3]{(3+\sqrt{8,962962..})}$$

$$= \sqrt[3]{(3+2,993821)} = 1,816496 \ldots$$

$$\beta = \sqrt[3]{(3-2,993821)} = 0,183501 \ldots$$ Folglich

$x = 1,999997 \ldots$, wofür man ohne merklichen Fehler $y = 2$ nehmen kann. Und in der That entspricht dieser Werth genau der Gleichung, und man erhält ferner $x = y + 1 = 3$.

Anmerkung 1. Die häufigen Wurzelausdrücke sind die Ursach, daß auch ein rationaler Werth der unbekannten Größe irrational erscheint und man daher ihn nie genau auf diese Weise findet.

Anmerkung 2. Eigentlich sind die Gleichung $y^3 - \frac{b^3}{27y^3} + c = 0$ (§. 71.) und die ihr gleiche $\alpha^3 - \frac{b^3}{27\alpha^3} + c = 0$ (§. 72.) Gleichungen vom 6ten Grade, nehmlich $y^6 + cy^3 - \frac{b^3}{27} = \alpha^6 + c\alpha^3 - \frac{b^3}{27} = 0$, und y, so wie α, erhält einen sechsfachen Werth. Denn u (§§. 71. u. 72.) hat zwey Werthe; $y^3 = \alpha^3 = u$ muß für jeden Werth von u drey Werthe für y geben (§. 49.); dieß giebt für $y = \alpha$ sechs Werthe. Aber die Folge wird lehren, daß je zwey Werthe von $y = \alpha$ für x dasselbe geben, so daß also x doch nur drey Werthe erhält.

§. 74.

Bey Bestimmung des Werthes von y (§. 71.) und α (§. 72.) kommt es, wie man sieht, sehr auf den Werth von $\sqrt{\left(\frac{c^2}{4}+\frac{b^3}{27}\right)}$ an, ob nemlich dieser möglich oder unmöglich ist. Er ist gewiß möglich, wenn in der Gleichung $x^3+bx^2+c=0$, b positiv war. Er ist selbst dann noch möglich, wenn auch b negativ, nur $\frac{c^2}{4} \overline{\gtrless} \frac{b^3}{27}$. In dem Falle allein, wenn b negativ und $\frac{c^2}{4} < \frac{b^3}{27}$, ist er unmöglich.

§. 75.

Die Cardansche Regel (§. 72.) giebt aber allemal eine unmögliche Grösse für x, so bald alle drey Wurzeln der Gleichung möglich sind, und eine mögliche, wenn die Gleichung zwey unmögliche Wurzeln hat. Dieß scheint widersprechend zu seyn. Indeß ist eine Wurzel nur möglich, so liefert sie diese auch: sind alle drey Wurzeln möglich; so ist kein Grund vorhanden, weshalb sie die eine eher liefern sollte, als die andere, sie liefert daher keine und versteckt das Mögliche unter die Hülle des Unmöglichen. Der Grund dieses Unmöglichen bey der Möglichkeit aller Wurzeln ist aber dieser:

§. 76.

Sind nemlich alle drey Wurzeln der Gleichung $x^3+bx+c=0$; α, β, γ, möglich, so kann 1) b nie positiv seyn. Denn es soll die Summe des Entgegengesetzten der Wurzeln $=0$ seyn, da das zweyte Glied fehlt. Dieß findet Statt, wenn entweder $\alpha+\beta-\gamma=0$ oder $-\alpha-\beta+\gamma=0$. In jedem Falle ist $\alpha+\beta=\gamma$ und daher $\gamma>\alpha$, $\gamma>\beta$. Aber in beyden Fällen ist $b = -\alpha\gamma - \beta\gamma + \alpha\beta = \alpha\beta - \gamma(\alpha+\beta) = \alpha\beta - \gamma\gamma$. Da nun $\gamma\gamma > \alpha\beta$; so ist b gewiß negativ.

2) Man denke sich die Wurzeln mit gleichen Zeichen als Wurzeln einer quadratischen Gleichung, in welche sich jede cubische zerfällen läßt (§. 65.), $y^2 + Ay + B = 0$, deren Wurzeln also $\pm\alpha$; $\pm\beta$; so ist $A = \mp\alpha \mp\beta$; $B = \alpha\beta$ (§. 60.), und da α, β möglich sind, so ist $\frac{A^2}{4} \overset{=}{>} B$, (§. 57.) da B hier stets positiv ist.

3) Als Wurzeln der cubischen Gleichung α, β, γ betrachtet, giebt $\mp\alpha \mp\beta \pm\gamma = 0$, oder $\gamma = \alpha + \beta$. Ferner $-\alpha\gamma - \beta\gamma + \alpha\beta = \alpha\beta - \gamma(\alpha+\beta) = \alpha\beta - \gamma^2 = -b$ (Nr. 1.). Daher $\alpha\beta = \gamma^2 - b$. Endlich $\alpha\beta\gamma = \pm c$. Daher $\alpha\beta = \pm\frac{c}{\gamma}$.

4) Da nun α, β, mögliche Grössen, folglich (Nr. 2.) $\frac{A^2}{4} \overset{=}{>} B$ oder $\frac{(\mp\alpha\mp\beta)^2}{4} \overset{=}{>} \alpha\beta$; so ist $(\mp\alpha\mp\beta)^2 \overset{=}{>} 4\alpha\beta$ oder $\gamma^2 \overset{=}{>} 4(\gamma^2 - b)$ (Nr. 3.); $4b \overset{=}{>} 3\gamma^2$ (I).

Es ist aber auch $\alpha\beta = \pm\frac{c}{\gamma}$ (Nr. 3.); folglich auch $\frac{(\mp\alpha\mp\beta)^2}{4} \overset{=}{>} \pm\frac{c}{\gamma}$ oder $(\mp\alpha\mp\beta)^2 \overset{=}{>} \pm\frac{4c}{\gamma}$ oder $\gamma^2 \overset{=}{>} \pm\frac{4c}{\gamma}$; $\gamma^3 \overset{=}{>} \pm 4c$ (II).

5) Vergleicht man (I) und (II) (Nr. 4.), indem man in beyden γ zur 6ten Potenz erhebt; so hat man aus (I) $64b^3 \overset{=}{>} 27\gamma^6$ oder $\gamma^6 \overset{=}{<} \frac{64b^3}{27}$. Aus (II) $\gamma^6 \overset{=}{>} 16c^2$.

Folglich da $\frac{64b^3}{27} \geqq \gamma^6$ und $\gamma^6 \geqq 16c^2$; so folgt $\frac{64}{27}b^3 \geqq 16c^2$ oder $\frac{b^3}{27} \geqq \frac{c^2}{4}$ und daher, da b negativ (Nr. 1.), $\sqrt{\left(\frac{c^2}{4}+\frac{b^3}{27}\right)}$ unmöglich, wenn nicht der seltene Fall eintritt, daß $\frac{c^2}{4}=\frac{b^3}{27}$, in welchem Falle $\alpha=\beta=\sqrt{-\frac{c}{2}}$. Dann aber sind, wie die Folge lehren wird, 2 Wurzeln der Gleichung einerley, und jede ist die Hälfte der dritten entgegengesetzten.

Beyspiel: $x^3-7x+6=0$, deren Wurzeln alle drey möglich, nämlich $x=1$; $x=2$; $x=-3$. Es ist aber $b=-7$; $c=6$; folglich

$$\sqrt{\left(\frac{c^2}{4}+\frac{b^3}{27}\right)}=\sqrt{\left(9-\frac{343}{27}\right)}=\sqrt{-\frac{100}{27}}$$

unmöglich. Aber $x^3-3x+2=0$ giebt $x=1$; $x=1$; $x=-2$.

Es ist aber $b=-3$; $c=2$; folglich

$$\sqrt{\left(\frac{c^2}{4}+\frac{b^3}{27}\right)}=\sqrt{(1-1)}=0,\text{ möglich.}$$

§. 77.

Sind zwey Wurzeln unmöglich, und ist daher die dritte möglich; so ist, wenn b in der Gleichung $x^3+bx+c=0$ positiv, der Ausdruck $\sqrt{\left(\frac{c^2}{4}+\frac{b^3}{27}\right)}$ gewiß möglich. Ist aber auch b negativ, so ist doch $\frac{c^2}{4} > \frac{b^3}{27}$. Denn es seyen α, β, die unmöglichen Wur-

zeln

zeln, zugleich die Wurzeln einer quadratischen Gleichung $y^2 + Ay + B = 0$ (§. 76. Nr. 2.); so ist $\frac{A^2}{4} < B$ (§. 57.), da B auch hier positiv ist (§. 45.). Es ist aber $A = \mp\alpha \mp\beta = \pm\gamma$; $B = \alpha\beta = \gamma^2 - b$ (§. 76. Nr. 2. u. Nr. 3.) Folglich $\frac{(\mp\alpha \mp\beta)^2}{4} < \gamma^2 - b$ oder $\frac{\gamma^2}{4} < \gamma^2 - b$; $\gamma^2 < 4\gamma^2 - 4b$; $\gamma^2 > \frac{4b}{3}$. Und weil $\alpha\beta = \pm\frac{c}{\gamma}$ (§. 76. Nr. 3.); so ist auch $\frac{\gamma^2}{4} < \pm\frac{c}{\gamma}$ oder $\gamma^3 < \pm 4c$. Daher $\frac{64b^3}{27} < \gamma^6$ und $\gamma^6 < 16c^2$; folglich $\frac{64b^3}{27} < 16c^2$ oder $\frac{b^3}{27} < \frac{c^2}{4}$.

§. 78.

Ist nun b negativ, und $\frac{c^2}{4} \leqq \frac{b^3}{27}$; so folgt, daß alle drey Wurzeln der cubischen Gleichung möglich sind. Denn wäre eine und die andere unmöglich, so könnten es deren nur 2 seyn (§. 54.). Für zwey unmögliche Wurzeln aber muß, wenn b negativ, $\frac{b^3}{27} < \frac{c^2}{4}$ seyn (§. 77.). Ist aber b positiv, oder, wenn auch b negativ, doch $\frac{b^3}{27} < \frac{c^2}{4}$; so folgt eben so, wie vorhin, daß zwey Wurzeln unmöglich sind.

Anmerkung 1. Noch etwas darüber, daß, wenn alle 3 Wurzeln einer kubischen Gleichung möglich sind, die Cardan'sche Regel unmögliche Werthe dafür geben müsse, im Folgenden.

Anmerk. 2. Ist $\alpha = \sqrt[3]{\left(-\frac{c}{2} \pm \sqrt{\left(\frac{c^2}{4}+\frac{b^3}{27}\right)}\right)}$ möglich, so ist auch

$$\beta = \sqrt[3]{\left(-\frac{c}{2} \mp \sqrt{\left(\frac{c^2}{4}+\frac{b^3}{27}\right)}\right)}$$

möglich. Folglich sind zwey Wurzeln der gegebenen kubischen Gleichung unmöglich. Man setze

$$\sqrt[3]{\left(-\frac{c}{2}+\sqrt{\left(\frac{c^2}{4}+\frac{b^3}{27}\right)}\right)} = \begin{cases} m \\ n+p\sqrt{-1} \\ q+r\sqrt{-1} \end{cases}$$

$$\sqrt[3]{\left(-\frac{c}{2}-\sqrt{\left(\frac{c^2}{4}+\frac{b^3}{27}\right)}\right)} = \begin{cases} \mu \\ \nu+\pi\sqrt{-1} \\ \sigma+\rho\sqrt{-1} \end{cases}$$

Ferner sey $m+n=P$; $n+p\sqrt{-1}+\nu+\pi\sqrt{-1}=Q+R\sqrt{-1}$; $q+r\sqrt{-1}+\sigma+\rho\sqrt{-1} = Q-R\sqrt{-1}$.

Ist nun $\alpha = m$;	so ist $\beta = \mu$;
$= n+p\sqrt{-1}$;	$= \nu+\pi\sqrt{-1}$;
$= q+r\sqrt{-1}$;	$= \sigma+\rho\sqrt{-1}$;
$= \mu$;	$= m$;
$= \nu+\pi\sqrt{-1}$;	$= n+p\sqrt{-1}$;
$= \sigma+\rho\sqrt{-1}$;	$= q+r\sqrt{-1}$;

Folglich ist $\alpha+\beta=x$

$= m+\mu = P$;

$= n+p\sqrt{-1}+\nu+\pi\sqrt{-1} = Q+R\sqrt{-1}$;

$= q+r\sqrt{-1}+\sigma+\rho\sqrt{-1} = Q-R\sqrt{-1}$;

$= \mu+m = P$;

$= \nu+\pi\sqrt{-1}+n+p\sqrt{-1} = Q+R\sqrt{-1}$;

$= \sigma+\rho\sqrt{-1}+q+r\sqrt{-1} = Q-R\sqrt{-1}$;

x erhält demnach 6 Werthe, von denen aber je zwey einander gleich sind (§. 73. Anm. 2.)

§. 79.

Ist nun $\sqrt{\left(\frac{c^2}{4}+\frac{b^3}{27}\right)}$ unmöglich, sind folglich (§. 78.) alle drey Wurzeln der kubischen Gleichung möglich; wie findet man eine oder die andere?

Da $\alpha = \sqrt[3]{\left(-\frac{c}{2}\pm\sqrt{\left(\frac{c^2}{4}+\frac{b^3}{27}\right)}\right)}$; so besteht α aus einem möglichen Theile m und einem unmöglichen $n\sqrt{-1}$. Denn schon $\sqrt[3]{-\frac{c}{2}}$ ist möglich, $\sqrt[3]{\pm\sqrt{\left(\frac{c^2}{4}+\frac{b^3}{27}\right)}}$ ist unmöglich. Fängt man die Ausziehung der Kubikwurzel bey $-\frac{c}{2}$ an: so erhält man

$$\sqrt[3]{\left(-\frac{c}{2}\pm\sqrt{\left(\frac{c^2}{4}+\frac{b^3}{27}\right)}\right)} =$$

$$\sqrt[3]{-\frac{c}{2}}\pm\frac{\sqrt{\left(\frac{c^2}{4}+\frac{b^3}{27}\right)}}{3\sqrt[3]{\frac{c^2}{4}}}+\frac{2\left(\frac{c^2}{4}+\frac{b^3}{27}\right)}{9c\sqrt[3]{\frac{c^2}{4}}}\ldots$$

(§. 29.), also offenbar eine Summe von möglichen und unmöglichen Grössen. Es sey daher $\alpha = m \pm n\sqrt{-1}$, und es kommt nun darauf an, β zu bestimmen. Es ist aber $\alpha^3 = m^3 \pm 3m^2n\sqrt{-1} - 3mn^2 \mp n^3\sqrt{-1} = -\frac{c}{2}\pm\sqrt{\left(\frac{c^2}{4}+\frac{b^3}{27}\right)}$. Da nun das

Mögliche nur dem Möglichen, so wie das Unmögliche nur dem Unmöglichen gleich seyn kann (§. 34.); so folgt $m^3 - 3mn^2 = -\frac{c}{2}$ oder $2m^3 - 6mn^2 = -c$, und $\pm 3m^2n\sqrt{-1} \mp n^3\sqrt{-1} = \pm\sqrt{\left(\frac{c^2}{4} + \frac{b^3}{27}\right)}$. Daher (§. 72.) $\beta^3 = -\alpha^3 - c = -m^3 \mp 3m^2n\sqrt{-1} + 3mn^2 \pm n^3\sqrt{-1} + 2m^3 - 6mn^2 = m^3 \mp 3m^2n\sqrt{-1} - 3mn^2 \pm n^3\sqrt{-1}$ und folglich $\beta = m \mp n\sqrt{-1}$. Daher $x = \alpha + \beta = 2m$. Ließe sich nun m genauer bestimmen, so wäre auch x gefunden. Da man es indessen nur theilweise durch das Ausziehen der Kubikwurzel, womit man nie zu Ende kommt (§. 30.), finden kann; so folgt, daß es nie genau und um so genauer seyn werde, je weiter man die Ausziehung der Wurzel fortsetzt. Die unmöglichen Grössen, welche man dabey erhält, läßt man, da sie sich in $\alpha + \beta$ aufheben, ausser Acht. Das Folgende zeigt das Gesagte deutlich.

§. 80.

Man setze der Kürze halben

$-\frac{c}{2} = A$; $\frac{c^2}{4} + \frac{b^3}{27} = -B$; so ist $x = \alpha + \beta = \sqrt{(A + \sqrt{-B})} + \sqrt{(A - \sqrt{-B})}$ und nach §. 29. aufgelöst:

$$x = \begin{cases} A^{\frac{1}{3}} + \frac{1}{3} A^{-\frac{2}{3}} \surd -B + \frac{1}{9} A^{-\frac{5}{3}} B - \frac{5}{81} A^{-\frac{8}{3}} B \surd -B \\ A^{\frac{1}{3}} - \frac{1}{3} A^{-\frac{2}{3}} \surd -B + \frac{1}{9} A^{-\frac{5}{3}} B + \frac{5}{81} A^{-\frac{8}{3}} B \surd -B \end{cases}$$

$$\left. \begin{matrix} - \frac{10}{243} A^{-\frac{11}{3}} B^2 + \frac{22}{729} A^{-\frac{14}{3}} B^2 \surd -B + \frac{154}{6561} A^{-\frac{17}{3}} B^3 \ldots \\ - \frac{10}{243} A^{-\frac{11}{3}} B^2 - \frac{22}{729} A^{-\frac{14}{3}} B^2 \surd -B + \frac{154}{6561} A^{-\frac{17}{3}} B^3 \ldots \end{matrix} \right\}$$

$$= 2\left(A^{\frac{1}{3}} + \frac{1}{9} A^{-\frac{5}{3}} B - \frac{10}{243} A^{-\frac{11}{3}} B^2 + \frac{154}{6561} A^{-\frac{17}{3}} B^3 \ldots \right)$$

Ist nun die Summe des Möglichen in α, $= m$; so ist sie auch in β, $= m$; folglich $x = 2m$, wie §. 79.

Beyspiel: $x^3 - 7x + 6 = 0$ (§. 76. Beyspiel), worin $b = -7$; $c = 6$; folglich $A = -3$; $-B = -\frac{100}{27}$; und man hat

$$x = 2 \times \begin{cases} A^{\frac{1}{3}} = -1{,}4422496 \\ \frac{1}{9} A^{-\frac{5}{3}} B = -0{,}0659465 \\ -\frac{10}{243} A^{-\frac{11}{3}} B^2 = +0{,}01005129 \\ \frac{154}{6561} A^{-\frac{17}{3}} B^3 = -0{,}0023592 \end{cases}$$

$= 2 \cdot -1{,}50050411 = -3{,}00100822$. Auch ist in der That -3 eine Wurzel der Gleichung.

§. 81.

Da aber alle drey Wurzeln gleich möglich sind, so fragt es sich, welche von ihnen $x = 2m$ (§. 79.) bedeute? Die Antwort auf diese Frage fällt sehr verschieden aus nach dem Verhältniß, welches die Wurzeln gegen einander haben. Eine von ihnen, das Entgegengesetzte der beyden andern gleichartigen, kommt in so fern nicht in Betracht, als sie durch jene beyden erst bestimmt wird.

§. 82.

Der Verhältnißexponent der beyden gleichartigen kann mehr oder weniger grösser oder kleiner, als Eins, ja Eins selbst seyn. Die Gränzen aber, in welche er eingeschlossen ist, sind 1 (in welchem Falle beyde Wurzeln gleich sind) und 0 oder ∞ (in welchem Falle eine der Wurzeln $= 0$). Im erstern, wenn die Gränze des Verhältnißexponenten der beyden gleichartigen Wurzeln 1 ist, oder wenn $x = \frac{\gamma}{2}$; $x = \frac{\gamma}{2}$; $x = -\gamma$, wird (§. 80.) $A = -\frac{c}{2} = \frac{\gamma^3}{8}$, $b = \frac{3\gamma^2}{4}$; folglich $\frac{c^2}{4} = \frac{\gamma^6}{64}$; $\frac{b^3}{27} = \frac{\gamma^6}{64}$ und daher $\frac{c^2}{4} = \frac{b^3}{27}$, folglich $B = 0$. In diesem Falle hat man also

$$x = 2m = 2\sqrt[3]{\frac{\gamma^3}{8}} = \gamma,$$ die größte Wurzel gefunden.

Die beyden andern sind einander gleich und jede ist die Hälfte des Entgegengesetzten der gefundenen (§. 76.). Dieß wird noch wahr seyn, wenn auch die beyden gleichartigen Wurzeln, aber nur wenig, unterschieden sind, nur daß man dann mehr Glieder, da B nicht $= 0$, zu berechnen hat.

Beyspiel: $x^3 - 3x + 2 = 0$, (§. 76. Beyspiel) worin $B = 0$, giebt $x = 2\sqrt[3]{} - 1 = -2$, die größte Wurzel.

Eben so das Beyspiel (§. 80.)

§. 83.

Im andern Falle, wenn die Gränze des Verhältnißexponenten der gleichartigen Wurzeln 0 oder ∞ ist (§. 82.) oder $x = 0$; $x = \gamma$; $x = -\gamma$; wird

$$A = -\frac{c}{2} = 0;\ B = \frac{b^3}{27},$$

die Reihe selbst aber wächst in's Unendliche und bestimmt also gar keine Wurzel. Denn es wird

$$x = 2\left(0 + \frac{1}{9}\cdot\frac{B}{0} - \frac{10}{243}\cdot\frac{B^2}{0}\ \ldots\right)$$

Es ist aber $\frac{B}{0}$; $\frac{B^2}{0}$ u. s. w. $= \infty$. Dieß gilt noch, wenn eine Wurzel gegen die übrigen auch nur klein ist, und in diesem Falle ist also Cardans Regel nicht zu gebrauchen.

Beyspiel: $x^3 - 91x + 90 = 0$, worin $x = 1$; $x = 9$; $x = -10$; $A = 45$; $-B = -25885{,}03\ldots$ und man hat

$$x = 2 \times \left\{ \begin{array}{rl} A^{\frac{1}{3}} & = + 3{,}5568 \ldots \\ \frac{1}{9} A^{-\frac{5}{3}} B & = + 5{,}0518 \ldots \\ - \frac{10}{243} A^{-\frac{11}{3}} B^2 & = - 23{,}9173 \ldots \\ \frac{154}{6561} A^{-\frac{17}{3}} B^3 & = + 174{,}3806 \ldots \\ \text{u. s. w.} & \end{array} \right.$$

$$x = 2 \times 159{,}0719 = 318{,}1438$$

Anmerkung. In solchen Fällen, wie der vorliegende, findet man eine Wurzel sehr leicht durch Näherung, wie in der Folge gelehrt werden wird.

§. 84.

Fehlen in der vollständigen Form einer cubischen Gleichung das zweyte und dritte Glied, oder ist $x^3 + c = 0$; so ist die cubische Gleichung rein. Auch diese muß drey Wurzeln haben, und zwar von der Beschaffenheit, daß die Summe ihres Entgegengesetzten, so wie die Summe der Producte je zweyer entgegengesetzter, $= 0$ (§. 64.). Setzt man nun $x^3 = -c$, so findet man auf dem gewöhnlichen Wege $x = \sqrt[3]{-c} = -\alpha$, und daher $x + \alpha = 0$ ein Divisor jener Gleichung, oder (§. 66.)

$\frac{x^3 + c}{x + \alpha} = \frac{x^3 + \alpha^3}{x + \alpha} = x^2 - \alpha x + \alpha^2 = 0$ und daraus

$x = \frac{\alpha}{2}(1 \pm \sqrt{-3})$, also noch zwey unmögliche Wurzeln.

Beyspiel: Es soll $\sqrt[3]{8}$ gefunden werden.

Es ist $x^3=8$; $x=\sqrt[3]{8}=2$. Daher

$$\frac{x^3-8}{x-2}=x^2+2x+4=0,$$ woraus

$x=-1\pm\sqrt{-3}$ folgt. Daher ist ferner

$$\sqrt[3]{8}=\begin{cases}-1+\sqrt{-3}\\-1-\sqrt{-3}.\end{cases}$$

§. 85.

Verlangt man eine allgemeine Auflösung der höhern Gleichungen, so erhält man diese nur auf die Weise, daß man sich dem Werthe einer Wurzel der Gleichung — wenn dieser ein möglicher ist — geschickt zu nähern wisse, so daß man überzeugt seyn kann, der noch fehlende Theil des Werthes übersteige eine gewisse Grösse nicht. Oft wird man auf diese Weise einen möglichen Werth sehr leicht ganz genau finden. Nur für die Anflösung der gemischten Gleichungen vom vierten Grade hat man eine besondere, aber weitläufige und unbequeme und daher nicht sehr brauchbare Methode.

§. 86.

Oben (§. 48.) ist erwiesen, daß das Product von n einfachen Gleichungen, wie $(x-\alpha)$ $(x-\beta)$ $(x-\gamma)$ u. s. w. eine höhere Gleichung vom nten Grade bilde, deren allgemeine Form $x^n+ax^{n-1}+bx^{n-2}+\ldots+cx+\gamma=0$ ist.

Fehlt hierin ein oder das andere Glied, so ist dessen Koefficient $=0$ zu setzen. Und soll in jedem Fall der Werth der Gleichung $=0$ seyn; so geschieht dies, wenn $x-\alpha=0$; $x-\beta=0$ u. s. w. woraus $x=\alpha$; $x=\beta$ u. s. w. folgt, und α, β, γ, u. s. w. sind also Wurzeln dieser Gleichung.

§. 87.

Für die Koefficienten einer solchen durch die Multiplication von n einfachen Gleichung entstandene höhere Gleichung $x^n + ax^{n-1} + \ldots + Qx^{n-(r-1)} + Rx^{n-r} + \ldots = 0$ gilt allgemein folgendes Gesetz: Wenn man das erste Glied nicht mitzählt; so enthält

der Koefficient des ersten Gliedes die Summe aller entgegengesetzten Werthe von x;

der Koefficient des zweiten Gliedes die Summe aller Producte von je zwey entgegengesetzten Werthen von x; und allgemein

der Koefficient des $(r-1)$ten Gliedes die Summe aller Producte von je $r-1$ entgegengesetzten Werthen von x;

der Koefficient des rten Gliedes die Summe aller Producte von je r entgegengesetzten Werthen von x. Denn gesetzt, es sey dieß Gesetz wahr für eine Gleichung vom nten Grade, oder für die obige Gleichung; so bleibt es auch wahr für die Gleichung vom $(n+1)$ten Grade. Denn man multiplicire jene Gleichung durch $x+\zeta=0$; so erhält man:

$$\begin{array}{l} x^{n+1} + ax^n + \ldots\ldots\ldots\ldots + Qx^{n-(r-2)} \\ \qquad \zeta x^n + a\zeta x^{n-1} + \ldots\ldots\ldots\ldots \\ \\ + Rx^{n-(r-1)} + \ldots\ldots\ldots\ldots \\ + Q\zeta x^{n-(r-1)} + R\zeta x^{n-r} + \ldots\ldots\ldots \\ \hline x^{n+1} + (a+\zeta)x^n + \ldots + (R+Q\zeta)x^{n-(r-1)} + \ldots \end{array}$$

Es ist aber a die Summe aller entgegengesetzten Werthe von x, Q die Summe aller Producte von je r — 1 entgegengesetzten Werthen von x, R die Summe aller Producte von je r entgegengesetzten Werthen von x, alles dieß, ehe ζ hinzukam; und da Q ζ die Summe aller Producte von je r entgegengesetzten Werthen von x, worunter aber jedesmal ζ als Faktor, R die Summe aller Producte von je r entgegengesetzten Werthen von x, worunter ζ nie als Faktor ist; so ist R + Q ζ, der Koefficient des rten Gliedes nach dem ersten, die Summe aller Producte von je r entgegengesetzten Werthen von x, nachdem ζ hinzugekommen ist. Setzt man nun $n + 1 = m$; folglich $n = m - 1$, so hat man die Gleichung
$x^m + (a + \zeta) x^{m-1} + \ldots + (R + Q\zeta) x^{m-r} + \ldots = 0$. Vergleicht man beyde Gleichungen mit einander,
$x^n + a x^{n-1} + \ldots\ldots\ldots + R x^{n-r} + \ldots\ldots = 0$ und
$x^m + (a + \zeta) x^{m-1} + \ldots + (R + Q\zeta) x^{n-r} + \ldots\ldots = 0$; so haben sie beyde einerley Gestalt und die Koefficienten der Glieder befolgen in beyden genau dieselben Gesetze. Da diese nun, so wie sie oben bestimmt sind, für Gleichungen vom zweiten und dritten Grade gelten (§. 60. und §. 65.); so gelten sie auch für Gleichungen von viertem und jedem höhern Grade unter der Voraussetzung, daß dieselben aus mehreren einfachen Gleichungen zusammengesetzt sind.

§. 88.

Es läßt sich aber eine jede höhere Gleichung als ein Product von n einfachen Gleichungen $(x-\alpha)$ $(x-\beta)$ u. s. w. deren jede $=0$, ansehen. Denn hat man $x^n + ax^{n-1} + bx^{n-2} \ldots\ldots + ex + f = 0$; so erhält man $a = -(\alpha + \beta + \gamma + \ldots)$; $b = \alpha\beta + \alpha\gamma + \alpha\delta + \ldots$ u. s. w.; kurz so viel Gleichungen, als unbekannte Grössen α, β, γ u. s. w. da sind, welche also alle sich bestimmen lassen, und daraus bekommt man $x-\alpha$, $x-\beta$ u. s. w. die Faktoren der gegebenen Gleichung. Eine Gleichung vom nten Grade hat daher auch n Werthe für x (§. 49.).

§. 89.

In jeder höhern Gleichnng läßt sich das zweite Glied, wenn es nicht schon fehlt, wegschaffen. Ist nehmlich $x^n + ax^{n-1} + \ldots + ex + f = 0$; so setze man, wie oben (§. 63. und §. 69.) $x = y + c$, und man erhält

$$\begin{array}{rl}
x^n = & y^n + ny^{n-1}c + \frac{n \cdot n-1}{1 \cdot 2} y^{n-2}c^2 + \ldots \text{ (§. 13.)} \\
ax^{n-1} = & ay^{n-1} + (n-1)ay^{n-2}c + \ldots \\
ex = & ey + ec \\
f = & f \\
\hline
0 = & y^n + (nc+a)y^{n-1} + \ldots
\end{array}$$

Soll hierin das zweyte Glied fehlen, so muß $nc + a = 0$, d. h. $c = -\frac{a}{n}$ seyn, welches mit §. 63. und §. 69. übereinstimmt. Es läßt sich daher jede höhere Gleichung auf eine solche zurückführen, in welcher das zweyte Glied fehlt.

§. 90.

Jede bestimmte Grösse α, welche, in die Gleichung $x^n + ax^{n-1} + \ldots . ex + f = 0$ statt x gesetzt, dieselbe $= 0$ macht, ist ein Werth von x. Denn sie ist offenbar mit x gleichgültig, oder $x = \alpha$. Macht sie aber dieselbe nicht $= 0$, sondern vielmehr $= y$, so ist sie auch kein Werth von x. Man setze daher $x^n + ax^{n-1} + \ldots + ex + f = y$ und untersuche, in welchen Fällen $y = 0$ wird, so ist man versichert, eben so viele Werthe für x gefunden zu haben. Will man, so kann man die Gleichung auch so betrachten, als fehle darin das zweite Glied (§. 89.).

§. 91.

In einem besondern Falle wird man für den Werth von x gewisse Gränzen angeben können, z. B. $x^3 + ax + b = 0$ giebt für ein positives x etwas Widersprechendes $x^3 = -ax - b$, welches nicht möglich ist, so lange x positiv bleibt. Ist x negativ, also $-x^3 - ax + b = 0$; so erhält man $-x^3 = ax - b$, folglich $b > ax$; $x < \frac{b}{a}$. Oder $-ax = x^3 - b$, folglich $x^3 < b$; $x < \sqrt[3]{b}$. Man erhält hier also nur eine Gränze für ein negatives x, und zwar nur in so fern, als es kleiner, als eine gegebene Grösse ist. Die Gleichung $x^3 - ax + b = 0$ würde für ein positives x geben: $x^3 - ax = -b$, folglich $x^3 < ax$; $x^2 < a$; $x < \sqrt{a}$. Oder $x^3 = ax - b$, folglich $ax > b$; $x > \frac{a}{b}$. Man erhält also für ein positives x in diesem Falle beyde Gränzen. Ist x negativ, also $-x^3 + ax + b = 0$; so ist $-x^3 + ax = -b$, folglich $x^3 > ax$; $x^2 > a$;

$x > \sqrt{a}$. Oder $-x^3 + b = -ax$, folglich $x^3 > b$; $x > \sqrt[3]{b}$. Man erhält in diesem Falle, für ein negatives x, nur eine Gränze doppelt bestimmt. Für die biquadratische Gleichung $x^4 - ax^2 + bx + c = 0$ erhielte man, x positiv genommen, $x^4 - ax^2 = -bx - c$, folglich $x^4 < ax^2$; $x^2 < a$; $x < \sqrt{a}$. Oder $-ax^2 + b = -x^4 - c$, folglich $ax^2 > b$, $x^2 > \frac{b}{a}$; $x > \sqrt{\frac{b}{a}}$. Für ein negatives x oder für $x^4 - ax^2 - bx + c = 0$ erhält man keine Gränzen.

§. 92.

Nicht selten entdeckt es sich auf diese Weise, ob die Gleichung unmögliche Wurzeln hat und ob diese in ihrem möglichen Theile positiv oder negativ sind (denn der unmögliche muß gleich und entgegengesetzt seyn (§. 52.). Z. B. $x^3 - 2x - 4 = 0$ giebt, für ein positives x, $x > 1,4..$; $x > 1,5...$ Für ein negatives erhält man $x < 1,4..$; $x > 2$, einen Widerspruch. Die negativen Wurzeln sind daher unmöglich. In der That sind auch die Wurzeln jener Gleichung $+2$; $-1-\sqrt{-1}$; $-1+\sqrt{-1}$. Wäre $x^4 - 10x^2 + 20x - 16 = 0$ gegeben; so findet man für x, positiv genommen, keine Gränze. Für ein negatives x erhält man $x > 3,1...$ Nun können aber nicht alle Wurzeln negativ seyn, da das zweite Glied fehlt, folglich ihre Summe $= 0$. Da aber für die positive Wurzeln sich gar keine Gränze ergab; so sind unter ihnen wahrscheinlich unmögliche neben möglichen. Die Gränzen würden also einander widersprechen und doch auch nicht, und daher gar keine Gränze. Die Wurzeln jener Gleichung sind in der That auch $+2$; -4; $+1-\sqrt{-1}$; $+1+\sqrt{-1}$. In vielen Fällen aber läßt sich auf diesem Wege über die Wurzeln der Gleichung gar nichts entscheiden; doch ist es nützlich, ihn jedesmal zu versuchen.

§. 93.

Unter den Werthen, welche man nach irgend einem Bestimmungsgrunde für die unbekannte Größe wählen kann, sind nur die Wurzeln der Gleichung, welche y (§. 90.) $= 0$ machen. Alle andern werden y einen positiven oder negativen Werth geben. Dieser Werth wird sich indessen der Null um so mehr nähern, jemehr der Werth für die unbekannte Größe sich einer Wurzel der Gleichung nähert. Das Nähern von y zur 0 kann aber begreiflich nur durch Abnehmen geschehen, mag auch der Werth für die unbekannte Grösse grösser oder kleiner werden, um sich einer Wurzel der Gleichung zu nähern. Unendlich groß kann y nie werden, so lange die unbekannte Größe selbst nicht unendlich groß wird, da alle Koefficienten endliche Grössen sind.

§. 94.

Läßt man nun den Werth für die unbekannte Größe sich allmählig verändern, so wird auch y sich allmählig verändern; und so wird man eine Reihe Werthe für y bekommen, welche einer Reihe Werthe für x correspondirt, und von welchen einer oder der andere entweder $= 0$ ist, oder doch der Null sich nähert, in welchem letztern Falle man gewöhnlich einen Uebergang des Werthes von y vom Positiven in das Negative, oder umgekehrt, bemerken wird. Dieser

Uebergang, da er nicht durch das Unendliche geschehen kann (§. 93), muß durch o geschehen, und hier lag also eine Wurzel der Gleichung in der Nähe. Selten nur wird y nicht bis auf das Entgegengesetzte abnehmen, sondern sogleich wieder zu wachsen anfangen, welches anzeigt, daß in dieser Gegend mehr als ein Uebergang sey, und also mehr, als eine Wurzel liege. Ein ähnlicher Fall ist der, wenn in der Reihe für y dieses zwar = o wird, in der Folge aber das vorige Zeichen behält (§. 96.).

§. 95.

Versucht man auf die (§. 94.) angezeigte Weise für die unbekannte Grösse nur mögliche Werthe und ganze Zahlen; so kann man wenigstens hierdurch gewiß werden, zwischen welche ganze Zahlen ein oder der andere Werth der unbekannten Grösse fällt. Nimmt man hierbey das (§. 91. und §. 92.) gezeigte Verfahren zu Hülfe, so wird die Arbeit erleichtert. Fände man aber darin keine Auskunft, so versuche man als Wurzeln der Gleichung die möglichen ganzen Faktoren des letzten bekannten Gliedes. Z. B. in $x^4 - 10x^2 + 20x - 16 = 0$ (§. 92.) ist $16 = 2.4.2.1 = 2.2.2.2$ u. s. w. und man fällt sehr leicht darauf $+2$ zu versuchen, welches in der That eine Wurzel der Gleichung ist.

§. 96.

Gesetzt es sey die Gleichung $x^3 - 6x - 5 = 0$ gegeben; so erhält man nach §. 91. für ein positives x, $x > 2{,}4\,..$; für ein negatives, $x > \frac{5}{6}$; $x < 2{,}4\,..$

Man

Man versuche daher

x	y	x	y
$-\frac{5}{6}$	$-\frac{125}{216}$	$+2{,}4$	$-5{,}576$
-1	0	$+3$	$+4$
-2	-1		
-3	-14		

und man findet $x = -1$. Eine andere Wurzel liegt zwischen 2, 4 und 3. Aber die dritte, welche auch möglich ist (§. 54.)? Zwischen $x = -1$ und $x = -2$ sollte ein Uebergang in das Entgegengesetzte seyn. Der ist aber nicht. Folglich ist dazwischen y wieder $= 0$ und es liegt also zwischen $x = -1$ und $x = -2$ noch eine Wurzel der Gleichung. Nimmt man dieß an und nennt diese Wurzel α, so hat man

x	y
$-\frac{5}{6}$	$-\frac{125}{216}$
-1	0
$-(1+m)$	$+z$
$-\alpha$	0
-2	-1

Und in der That erhält man, wenn man $(x^3 - 6x - 5) : (x + 1)$ auflöst (§. 66.) noch $x = 2{,}791\ldots$ und $x = -1{,}791\ldots$, genau so, wie es oben bestimmt war: die negativen Wurzeln $> \frac{5}{6}$ und $< 2{,}4\ldots$, die positive $> 2{,}4\ldots$

Oder es sey gegeben $x^4 - 7x^2 - 2x + 2 = 0$. Für ein positives x erhält man keine Gränze; für ein negatives ist $x < 2{,}6\ldots.$ Man versuche daher

x	y
— 2,6	+ 2,5776
— 2	— 6
— 1	— 2
0	+ 2
+ 1	— 6
+ 2	— 14
+ 3	+ 2

Ein Werth von x liegt also zwischen — 2,6 und — 2, ein anderer zwischen — 1 und 0, ein dritter zwischen 0 und + 1 und ein vierter zwischen + 2 und + 3, und in der That sind die Werthe: $x = -1 - \sqrt{2}$; $x = 1 - \sqrt{3}$; $x = -1 + \sqrt{2}$; $x = 1 + \sqrt{3}$. Oder $x = -2{,}4142\ldots$; $x = -0{,}7320\ldots$; $x = 0{,}4142\ldots$; $x = 2{,}7320\ldots$.

§. 97.

Es kann nun nicht schwer halten, eine Wurzel bis auf Zehntel genau zu finden. Denn in der Reihe für y findet es sich, zwischen welche ganze Zahlen x fällt, auch welcher es näher fällt. Darnach versuche man die Ganzen und Zehntel für x. In der kubischen Gleichung (§. 96.) $x^3 - 6x - 5 = 0$ fällt ein Werth von x zwischen 2,4 und 3, aber näher an 3, als an 2,4. Läge er genau in der Mitte, so wäre er 2,7. Er liegt aber darüber hinaus. Man versuche daher zuerst $x = 2{,}7$ und man erhält $y = -1{,}517$. Es ist daher x noch zu klein. $x = 2{,}8$ giebt $y = 0{,}152$; also ist x zu groß. Daher gewiß $x = 2{,}7\ldots$ Ein anderer Werth von x fällt zwischen — 1 und — 2. Weil aber der Uebergang in das Entgegengesetzte in der Reihe für y nicht sichtbar ist, so muß man in diesem

Falle die Zehntel zuerst nach Gutdünken wählen. Man setze also x = — 1,1 und man erhält y = 0,269. Man versuche x = — 1,2, und man erhält y = 0,472, also zunehmend. So fahre man fort mit x = — 1,3 und x = — 1,4 und man erhält y noch zunehmend. Für x = — 1,5 aber wird y = 0,625 wieder abnehmend Offenbar liegt nun x näher an — 1,5 als an — 2 da y für dieses = — 1 in dem Verhältniß = 0,625 : 1 = 2 : 3 beynahe. Setzt man daher von der Differenz der Wurzeln, — 1,5 und — 2, etwa $\frac{2}{5}$ zu jener hinzu; so wird man die gesuchte ziemlich genau haben x = — 1,7. Für x = — 1,7 wird y = 0,287. Für x = — 1,8 wird y = — 0,032. Also gewiß x = — 1,7 ... Dasselbe Verfahren ist bey jeder andern höhern gemischten Gleichung anwendbar.

§. 98.

Will man aber die Wurzel noch genauer heben; so setze man das Fehlende = z, das schon Gefundene = A; so ist x = A + z. Diesen Werth setze man für x in die Gleichung (§. 90.) und man erhält:

$$
\begin{array}{lllll}
x^n & = A^n & + nA^{n-1}z & + \frac{n.n-1}{1.2} A^{n-2} z^2 & + \ldots\ldots\ldots + z^n \\
ax^{n-1} & = aA^{n-1} & + (n-1) aA^{n-2} z & + \frac{(n-1)(n-2)}{1.2} aA^{n-3} z^2 + \ldots & \\
\vdots & \vdots & \vdots & & \\
ex & = eA & + ez & & \\
f & = f & & & \\
\hline
\end{array}
$$

$$
0 = A^n + aA^{n-1} + \ldots + eA + f + (nA^{n-1} + (n-1)aA^{n-2} + \ldots + e)z
$$

$$
+ \left(\frac{n.n-1}{1.2} A^{n-2} + \frac{(n-1)(n-2)}{1.2} aA^{n-3} + \ldots \right) z^2 + \ldots
$$

Oder, wenn man für das Bekannte, R, Q, P u. s. w. setzt, $R + Qz + Pz^2 + Oz^3 + \ldots + Mz^{n-1} + z^n = 0$. Da nun z sehr klein ist und höchstens Hunderttel enthält, so wird z^2, z^3 u. s. w. immer kleiner, folglich auch das Product daraus, oder Pz^2, Oz^3 u. s. w. immer unbedeutender. Man wird daher der Wahrheit ziemlich nahe kommen, wenn man schon $R + Qz = 0$ setzt, oder $z = -\frac{R}{Q} = B$. Da nun A, mag es positiv oder negativ seyn, gewiß zu klein ist, so erhält eben deswegen B gewiß das Zeichen des A, oder $x = A + B$.

§. 99.

Aber $z = B$ (§. 98.) kann noch zu klein seyn, es kann auch schon zu groß seyn. Man setze also, es fehle an B noch t, mit entgegengesetztem Zeichen, wenn B zu groß war, sonst mit demselben Zeichen, und man erhält aus der Gleichung $z^n + Mz^{n-1} + \ldots + Qz + R = 0$ (§. 98.), wenn man $z = B + t$ setzt,

$$
\begin{aligned}
z^n &= B^n + nB^{n-1}t + \frac{n.n-1}{1.2}B^{n-2}t^2 + \dots\dots + t^n \\
Mz^{n-1} &= MB^{n-1} + (n-1)MB^{n-2}t + \frac{(n-1)(n-2)}{1.2}MB^{n-3}t^2 + \dots \\
&\vdots \\
Qz &= QB + Qt \\
R &= R \\
\hline
0 &= \rho + \nu t + \mu t^2 + \dots\dots + Kt^{n-1} + t^n
\end{aligned}
$$

wenn man die bekannten Grössen, ϱ, ν, μ u. s. w. nennt. Da nun t noch kleiner, als z (§. 98.); so setze man um so mehr, wie vorhin, $0 = \varrho + \nu t$, oder $t = -\frac{\varrho}{\nu} = C$. Erhält nun C ein dem Zeichen von B entgegengesetztes Zeichen, so war B zu groß, sonst zu klein, und in diesem Falle ist $x = A + B + C$. Will man die Wurzel nun noch genauer haben, so setze man ferner $t = C + w$, verfahre wie vorhin u. s. w.

§. 100.

Ein Vortheil, welcher die Rechnung abkürzt, ist der, zu wissen, bis auf welche Dezimalstelle, z, t, w u. s. w. noch richtig sind, damit sie theils nie zu groß werden, theils man aber auch nicht zu viel fehlen lasse. Dann addirt man jedesmal das, was man erhält, zu dem, was man für x schon gefunden hat und ist sicher, x nie zu groß zu finden, aber auch nicht etwas weggelassen zu haben, was man durch eine Operation schon hätte finden können. Die Untersuchungen darüber erfordern ,aber viel Worte, und da sie gewissermassen nur einen mechanischen Vortheil gewähren; so will ich hier nur das Resultat derselben anführen. Es sind nämlich in z, t, w u. s. w. doppelt so viel Dezimalstellen richtig, als nach den ganzen Nullen folgen, oder Dezimalstellen leer bleiben. Die Erfahrung beweist die Richtigkeit des Satzes, in so fern man z, t, w u. s. w. stets additiv erhält; und mehr verlangt man nicht. Auf diese Weise erhält man aber sehr schnell eine Menge Dezimalstellen der Wurzel genau.

Beyspiel. Hätte man $x = 2,42$ und man fände $t = 0,000432856 \ldots$; so wäre $t = 0,000432$ zu nehmen.

§. 101.

Hat eine Wurzel die Form einer rationalen Bruchzahl, so findet man sie auf die in den vorhergehenden §. §. beschriebene Weise nur dann genau, wenn dieselbe sich genau durch einen Dezimalbruch ausdrucken läßt; sonst nicht. Z. B. $x = \frac{1}{7}$ würde $x = 0,14285714 \ldots$ geben.

§. 102.

Ist eine oder die andere Wurzel der Gleichung, α, β, u. s. w. gefunden, so sind $x - \alpha$, $x - \beta$, u. s. w. Divisoren der Gleichung und dieselbe läßt sich dadurch oft sehr leicht auf einen niedern Grad bringen.

§. 103.

Soll auf die bisher beschriebene Weise z. B. die Gleichung $x^4 - 7x^2 - 2x + 2 = 0$ (§. 96) aufgelöst werden; so hat man $x < -2,6$, $x > -2$. Versucht man nun $x = -2,5$, so findet man es noch zu groß, aber $x = -2,4$ schon zu klein. Es ist daher gewiß $x = -2,4 \ldots$ Man setze daher $x = -2,4 + z$ und man erhält:

$$x^4 = +33{,}1776 - 55{,}296z + 34{,}56z^2 - 9{,}6z^3 + z^4$$
$$-7x^2 = -40{,}32 \quad + 33{,}6 \quad - 7{,}0$$
$$-2x = + 4{,}8 \quad - 2{,}0$$
$$+ 2 = + 2{,}0$$

$$\text{A)}\ 0 = - 0{,}3424 - 23{,}696z + 27{,}56z^2 - 9{,}6z^3 + z^4$$

Man setze $0 = -0{,}3424 - 23{,}696z$ und man erhält $z = -0{,}01\ldots$ Man setze ferner $z = -0{,}01 + t$ und man erhält aus A)

$$z^4 = 0{,}00000001 - 0{,}000004t + 0{,}0006t^2 - 0{,}04t^3 + t^4$$
$$-9{,}6z^3 = +0{,}0000096 - 0{,}00288 \quad + 0{,}288 \quad - 9{,}6$$
$$+27{,}56z^2 = +0{,}002766 \quad - 0{,}5512 \quad + 27{,}56$$
$$-23{,}696z = +0{,}23696 \quad - 23{,}696$$
$$-0{,}3424 = -0{,}3424$$

$$\text{B)}\ 0 = -0{,}10267439 - 24{,}250084t + 27{,}8486t^2 - 9{,}64t^3 + t^2$$

Setzt man auch hier

$0 = - 0{,}10267439 - 24{,}250084t$, so erhält man $t = -0{,}0042\ldots$ Man setze ferner $t = -0{,}0042 + w$, und man erhält aus B) u. s. w

Es ist also der erste Theil der Wurzel $= -2{,}4$

$z = -0{,}01$

$t = -0{,}0042$

Folglich $x = -2{,}4142\ldots$

wie (§. 96.) angegeben ist. Durch eine fortgesetzte Rechnung würde man genauer $x = - 2{,}41421356\ldots$ gefunden haben. Nun kann man auf dieselbe Weise auch die zweite Wurzel, welche zwischen -1 und 0 liegt (§. 96.) finden. Gesetzt aber man wollte das nicht, sondern vielmehr nach §. 102. verfahren, da $x + 2{,}41421356\ldots$ ein Divisor jener Gleichung ist; so würde man $(x^4 - 7x^4 - 2x + 2) : (x + 2{,}41421356\ldots)$ $= x^3 - 2{,}41421356x^2 - 1{,}1715746x + 0{,}8284306 = 0$ erhalten. Diese Gleichung würde sich, freylich auf eine sehr beschwerliche Weise, nach §. 69. u. f., auflösen lassen. Wollte man durch Näherung eine Wurzel finden, so würde auch dieser Weg, der vielziffrigen Zahlen wegen, beschwerlich seyn. Man kehre also zu der Hauptgleichung $x^4 - 7x^2 - 2x + 2 = 0$ zurück und suche durch Näherung auch die zweite Wurzel $x = -0{,}73205080\ldots$; so ist auch $x + 0{,}73205080\ldots$, folglich auch $(x + 2{,}41421356)(x + 0{,}73205080) = x^2 + 3{,}1462644\,x + 1{,}7673264$ ein Divisor der Gleichung. Doch ist die Division beschwerlich, der Quotient wird nicht genau und die quadratische Gleichung, welche dadurch entsteht, beschwerlich aufzulösen seyn. Man suche also durch Näherung einen dritten Werth von x wenn derselbe möglich ist. Man findet ihn (§. 96.) zwischen 0 und + 1 und genau $x = 0{,}41421356\ldots$ Die Aehnlichkeit dieses Werthes, um mich so auszudrucken, mit dem zuerstgefundenen $x = -1{,}41421356\ldots$ fällt auf, und hätte man durch Zufall diese beyden zuerst gefunden, so würde man aus $(x + 2{,}41421356)(x - 0{,}41421356) = x^2 + 2x - 1$ sehr leicht einen Divisor der Gleichung erhalten, und demnach $(x^4 - 7x^2 - 2x + 2) : (x^4 + 2x - 1) = x^2 - 2x - 2$ gefunden haben, woraus sich $x = -1 \pm \sqrt{3} = \begin{cases} 0{,}73205080 \\ -2{,}73205080 \end{cases}$ findet. Diese beyden Werthe haben gleichfalls Aehnlichkeit mit einander nnd hätte man sie zuerst gefunden, so würde man jene beyden auf die angezeigte Weise auch sehr leicht erhalten haben. Daraus ergiebt sich bey irrationalen Wurzeln die practische Regel, zuerst zwey ähnliche, die einander entgegengesetzt seyn müssen, zu suchen.

* * *

§. 104.

Nachdem das Bisherige vorausgeschickt ist, wird es leicht seyn, noch einen andern, als den (§. 76.) geführten Beweis dafür, daß die Cardansche Regel (§. 72. Anmerk.) für lauter mögliche, von einander verschiedene Wurzeln einen unmöglichen Ausdruck gebe, zu verstehen, den ich izt hier als einen Anhang beybringen will, weil er vielleicht für Manchen mehr Evidenz hat, als jener. Da nämlich für den Fall lauter möglicher Wurzeln in $x^3 + bx + c = 0$, b negativ ist (§. 76. Nr. 1.); so ist der Ausdruck $\sqrt{\left(\frac{c^2}{4} + \frac{b^3}{27}\right)}$ (§. 74.) nur dann möglich, wenn $\frac{c^2}{4} > \frac{b^3}{27}$ oder $\frac{c^2}{4} = \frac{b^3}{27}$; unmöglich aber, wenn $\frac{c^2}{4} < \frac{b^3}{27}$, und es kommt also nur darauf an, zu untersuchen, welcher von diesen Fällen unter der obigen Voraussetzung statt finden könne und müsse.

§. 105.

Es ist aber $b = -\alpha\gamma - \beta\gamma + \alpha\beta$; $c = \pm\alpha\beta\gamma$, wenn $\pm\alpha$; $\pm\beta$; $\mp\gamma$ die Wurzeln der Gleichung sind (§. 76.). Daher $b^3 = \alpha^3\beta^3 - \alpha^3\gamma^3 - \beta^3\gamma^3 + 3\alpha\beta^3\gamma^2 - 3\alpha\beta^2\gamma^3 - 3\alpha^2\beta\gamma^3 - 3\alpha^2\beta^3\gamma - 3\alpha^3\beta^2\gamma + 3\alpha^3\beta\gamma^2 + 6\alpha^2\beta^2\gamma^2$; $c^2 = \alpha^2\beta^2\gamma^2$. Der Kürze halben setze man die Summe des Positiven in b^3, $= M$; die Summe des Negativen in b^3, $= N$, und $c^2 = P$. Da nun b negativ ist, so ist auch $N > M$.

§. 106.

Soll nun $\frac{b^3}{27}$ mit $\frac{c^2}{4}$, oder b^3 mit $\frac{27\,c^2}{4}$ verglichen werden, so geschieht dieß, wenn die Differenz $M - N$ mit $\frac{27\,P}{4}$ verglichen wird (§. 105.). Wäre nämlich

I. $b^3 = \frac{27\,c^2}{4}$; so wäre auch $M - N = \frac{27\,P}{4}$, und, da $M - N$ stets negativ, $M + \frac{27\,P}{4} - N = 0$, oder $N - \left(M + \frac{27\,P}{4}\right) = 0$.

II. Wäre $b^3 < \frac{27\,c^2}{4}$, so wäre auch $M - N < \frac{27\,P}{4}$ und $M + \frac{27\,P}{4} - N = + y$ od. $N - \left(M + \frac{27\,P}{24}\right) = - y$.

III. Wäre endlich $b^3 > \frac{27\,c^2}{4}$, so wäre auch $M - N > \frac{27\,P}{4}$, und $M + \frac{27\,P}{4} - N = - y$ oder $N - \left(M + \frac{27\,P}{4}\right) = + y$.

§. 107.

Man nehme an, es finde der erste Fall statt, oder $N - \left(M + \frac{27\,P}{4}\right) = 0$, woraus sich, wenn das nicht ist, leicht einer der übrigen herleiten lassen wird; so ist, wenn man für N, M, P die obigen Werthe (§. 105.) setzt, $\alpha^3\gamma^3 + \beta^3\gamma^3 + 3\,\alpha\beta^2\gamma^3 + 3\,\alpha^2\beta\gamma^3 + 3\,\alpha^2\beta^3\gamma + 3\,\alpha^3\beta^2\gamma - \left(\alpha^3\beta^3 + 3\,\alpha\beta^3\gamma^2 + 3\,\alpha^3\beta\gamma^2 + \frac{51}{4}\alpha^2\beta^2\gamma^2\right)$

$= 0$. Setzt man hierin $\alpha = \gamma - \beta$ (weil $\alpha + \beta = \gamma$ (§. 76. Nr. 1.)) und $\beta = n\gamma$ (wo n ein ächter Bruch ist, also nicht über 1 wachsen und nicht unter 0 abnehmen kann), folglich auch $\alpha = \gamma(1 - n)$, so wird sich jene Gleichung durch γ und n allein ausdrucken lassen.

§. 108.

Es ist nehmlich $\gamma^6 (1 - 3n + 3n^2 - n^3) + \gamma^6 n^3 + 3\gamma^6 (n^2 - n^3) + 3\gamma^6 (n - 2n^2 + n^3) + 3\gamma^6 (n^3 - 2n^4 + n^5) + 3\gamma^6 (n^2 - 3n^3 + 3n^4 - n^5) - \gamma^6 (n^3 - 3n^4 + 3n^5 - n^6) - 3\gamma^6 (n^3 - n^4) - 3\gamma^6 (n - 3n^2 + 3n^3 - n^4) - \frac{51}{4}\gamma^6 (n^2 - 2n^3 + n^4) = 0$ oder $\gamma^6 (1 + 3n^2 - 6n^3 + 3n^4) - \gamma^6 \left(3n + \frac{15}{4}n^2 - \frac{25}{2}n^3 + \frac{15}{4}n^4 + 3n^5 - n^6\right) = 0$. Diese Gleichung läßt sich durch γ^6 dividiren, und somit bleibt nur noch n darin, ein Beweis, daß es bey dem in Frage stehenden Satze nur auf das Verhältniß der Wurzeln der kubischen Gleichung $x^3 + bx + c = 0$, welches durch n ausgedruckt ist (§. 107.), ankommt.

§. 109.

Man erhält nun die Gleichung $n^6 - 3n^5 - \frac{3}{4} n^4 + \frac{13}{2} - \frac{3}{4} n^2 - 3n + 1 = 0$, eine Gleichung vom 6ten Grade für n, welche aber, wohlgemerkt, dieselbe Bedeutung hat, die die Gleichungen $N - \left(M + \frac{27}{4} P\right) = \begin{matrix} 0 \\ -y \\ +y \end{matrix}$ (§. 106. Nr. 1, 2, 3) haben, so daß es also bey der Wahl des Werthes für n sehr darauf ankommt, ob die Gleichung dadurch $= 0$, oder $= - y$, oder $= + y$ werde. Nur soll n, nach der Voraussetzung (§. 107), ein ächter Bruch seyn.

§. 110.

Bey der Auflösung jener Gleichung (§. 109.) wird man, wenn man das letzte Glied $= 1$, als das Product aller entgegengesetzten Werthe von n, mit dem Koefficienten des zweyten Gliedes $= - 3$, als die Summe aller entgegengesetzten Werthe von n, deren sechs sind, vergleicht, leicht darauf kommen, die Zahlen $+1$; $+1$; -2; -2; $-\frac{1}{2}$; $-\frac{1}{2}$ zu wählen, deren Product $= 1$, und deren Summe $= - 3$, und demnach läßt sich die Gleichung in $(n+1)^2 (n-2)^2 (n-\frac{1}{2})^2 = 0$ zerfällen, und die Werthe von n, deren jeder zweymal zu setzen ist, sind also -1; $+2$; $+\frac{1}{2}$, welche auch, wie man finden wird, der Gleichung vollkommen Genüge thun.

§. 111.

Es waren aber die Wurzeln der kubischen Gleichung $x^3 + bx + c = 0$, $\pm \alpha$; $\pm \beta$; $\mp \gamma$ angenommen (§. 76. Nr. 1.). Soll nun $\frac{c^2}{4} + \frac{b^3}{27} = 0$ seyn, so ist

1) $n = -1$ zu nehmen; folglich $\pm \beta = \pm \gamma$; $\pm \alpha = \mp \gamma (1 + 1) = \mp 2\gamma$, und die Gleichung hat daher zwey gleiche Wurzeln $\beta = \gamma$, und eine entgegengesetzte doppelt so große α, völlig so, wie schon (§. 82.) erwiesen ist.

2) $n=2$; folglich $\pm\beta=\mp 2\gamma$; $\pm\alpha=\mp\gamma(1-2)$ $=\pm\gamma$, und auch hiernach hat die Gleichung zwey gleiche Wurzeln $\alpha=\gamma$, und eine entgegengesetzte doppelt so große β.

3) $n=\frac{1}{2}$; folglich $\pm\beta=\mp\frac{1}{2}\gamma$; $\pm\alpha=\mp\gamma(1-\frac{1}{2})$ $=\mp\frac{1}{2}\gamma$, und auch hiernach hat die kubische Gleichung zwey gleiche Wurzeln $\alpha=\beta$, und eine entgegengesetzte doppelt so große γ. Und dies ist eigentlich der Fall, welcher (§. 107.) vorausgesetzt wird.

§. 112.

Setzt man aber $n^6-3n^5-\frac{3}{4}n^4+\frac{13}{2}n^3-\frac{3}{4}n^2-3n+1=y$, so läßt sich, da für $y=0$, n bekannt ist (§. 110.), leicht ausmitteln, ob y positiv oder negativ wird, wodurch auch $N-\left(M+\frac{27P}{4}\right)$ positiv oder negativ wird (§. 109.), wenn n, was hier nur statt finden soll, von $\frac{1}{2}$ bis 1 wächst, oder von $\frac{1}{2}$ bis 0 abnimmt, d. h. die Wurzeln der kubischen Gleichung ein anderes Verhältniß unter einander haben, als das obige (§. 111.).

§. 113.

Setzt man aber, wie sonst (§. 96.)

n	y
$+2$	0
$+\frac{1}{2}$	0
-1	0

so ist nach dem Vorhergehenden gewiß, daß, wenn n zwischen $\frac{1}{2}$ und 2 fällt, y stets einerley Zeichen behalten wird, weil zwischen $\frac{1}{2}$ und 2 keine Wurzel fällt, wie bekannt ist (§. 110.). Eben so wird y einerley Zeichen behalten, wenn n zwischen $\frac{1}{2}$ und -1 fällt. Wird daher n wenig grösser als $\frac{1}{2}$, und y dann positiv, so bleibt y positiv bis zur Gränze von $n = 1$. Und wird n wenig kleiner als $\frac{1}{2}$, und y dann auch positiv, so bleibt y positiv bis zur Gränze von $n = 0$.

§. 114.

Man setze daher

1) $n = \frac{2}{3}$; so wird $y = + \frac{98}{729}$ und der Werth der Gleichung $N - \left(M + \frac{27P}{4}\right)$ auch positiv, folglich $\frac{c^2}{4} < \frac{b^3}{27}$ (§. 106. Nr. 3.) und daher $\sqrt{\left(\frac{c^2}{4} + \frac{b^3}{27}\right)}$ unmöglich (§. 104.). Dies bleibt, bis n die Gränze 1 erreicht hat.

2) $n = \frac{1}{3}$; so wird $y = + \frac{100}{729}$ und der Werth der Gleichung $N - \left(M + \frac{27P}{4}\right)$ ebenfalls positiv, folglich $\frac{c^2}{4} < \frac{b^3}{27}$ und daher $\sqrt{\left(\frac{c^2}{4} + \frac{b^3}{27}\right)}$ unmöglich, wie in Nr. 1, welches bleibt, bis n die Gränze 0 erreicht hat.

§. 115.

Daher wird für alle mögliche denkbare Verhältnisse der drey von einander verschiedenen möglichen

Wurzeln der kubischen Gleichung $x^3 + bx + c = 0$ der Ausdruck $\sqrt{\left(\frac{c^2}{4} + \frac{b^3}{27}\right)}$ unmöglich, und muß also die Cardansche Regel in diesem Falle einen unmöglichen Werth geben. Nur, wenn zwey Wurzeln einerley sind, ist $\sqrt{\left(\frac{c^2}{4} + \frac{b^3}{27}\right)} = 0$ und die Cardansche Regel giebt einen möglichen Ausdruck, und liefert, wie (§. 81.) erwiesen ist, die größte Wurzel.

Druckfehler.

Seite	Zeile	
17	2	statt $p.\infty$ lese man $p.\infty A$
„ 24	„ 16	statt geraden l. m. gerade.
„ 27	„ 4	v. u. setze man hinter Operation ein Komma.
„ 31	„ 9	statt β l. m. $\mathring{\beta}$
„ „	„ 11	statt $\alpha+\beta$ l. m. $\mathring{\alpha}+\mathring{\beta}$
„ „	„ 17	statt β l. m. $\mathring{\beta}$
„ 32	„ 7	v. u. statt erhölt l. m. erhält.
„ 36	„ 5	v. u. muß das Semikolon hinter x stehen.
„ 67	„ 6	muß hinter abnehmend ein Punctum stehen.
„ „	„ 17	statt heben l. m. haben.

Verlagsbücher
der
Carl Matzdorffschen Buchhandlung.

Achard, F. C., Vorlesungen über die Experimentalphysik, 4 Thle. gr. 8. 791. 3 thlr.

Euklides Elemente für den gegenwärtigen Zustand der Mathematik bearbeitet, erweitert und fortgesetzt von J. A. C. Michelsen, erste Abth. mit Kupf. 8. 791. 1 thlr. 8 gr.

Eulers, Leonhard, Einleitung in die Analysis des Unendlichen, aus dem Latein. mit Anmerk. und Zusätzen begleitet von J. A. C. Michelsen, 2 Bde., mit Kupf. gr. 8. 788. 6 thlr.

— desselben 3ter Band, (auch unter dem Titel: Vollständige Theorie der Gleichungen aus den Schriften der Herren Euler und de la Grange übersetzt, und herausgegeben von J. A. C. Michelsen), mit einem K. gr. 8. 791. 1 thlr. 12 gr.

Michelsen, J. A. C., Anleitung zur Selbsterlernung der Geometrie, in Briefen. Insbesondere für diejenigen, welche dabei Euklid's Elemente und Herrn Hofrath Kästners Anfangsgründe zum Grunde legen wollen, 1r Bd. mit Kupf. 790. 14 gr.

Theorie, vollständige, der Gleichungen, aus den Schriften der Herrn Euler und de la Grange, übersetzt und herausgegeben von J. A. C. Michelsen, mit K. gr. 8. 791. 1 thl. 12 gr.
(Ist auch der 3te Theil von Eulers Analysis des Unendlichen.)

FSC
www.fsc.org
MIX
Papier | Fördert gute Waldnutzung
FSC® C083411

Zeitfracht Medien GmbH
Ferdinand-Jühlke-Straße 7
99095 Erfurt, Deutschland
produktsicherheit@kolibri360.de